ONE MAN'S FIGHT TO END THE GLOBAL HIV EPIDEMIC

THE IMPATIENT DR. LANGE

SEEMA YASMIN

撃ち落とされたエイズの巨星

HIV/AIDS撲滅をめざしたユップ・ランゲ博士の闘い

シーマ・ヤスミン◉著

鴨志田 恵◉訳

羊土社

THE IMPATIENT DR. LANGE

One Man's Fight to End the Global HIV Epidemic

by

Seema Yasmin

女性は何でもできるということを示してくれた、ハティージャ、ゾフラ、そしてヤスミンへ

ボディ＆ソウル、ティーン・スピリットで出会った若者たち、そしてＨＩＶ／エイズを患いながら生きるすべての人々へ。皆さんから闘い方と愛し方を教わりました

小生もその一人なのだが、世のなかにはハッピー・エンドを好まない人たちがいる。騙されたような感じがするからだ。不幸が標準なのである。運命は即興的に曲を変奏してはならないのだ

——ウラジーミル・ナボコフ著『プニン』（大橋吉之輔訳、文遊社、二〇一二年より）

人生を深く生きる者には、死の恐怖などない

——アナイス・ニン著『The Diary of Anaïs Nin, volume 2（アナイス・ニンの日記第二巻）』

撃ち落とされたエイズの巨星

［目次］

序文

二〇一四年夏のマレーシア航空MH17便撃墜の悲劇は、二九八名の男性、女性、子どもたちの命を奪い、遺族ははかり知れない喪失感に包まれました。また、世界のエイズ関係者も大きな衝撃を受けました。HIV／エイズと闘ってきた六名が、オーストラリアのメルボルンで開催される国際エイズ会議に向かう途中に命を奪われたからです。そのなかに、私の友人でもあり、エイズとの闘いにその一生を捧げたユップ・ランゲ博士と、パートナーのジャクリン・ファン・トンヘレンが含まれていました。

ユップは、HIV治療薬の普及推進運動のパイオニアでした。抗レトロウイルス薬による治療法が導入されたのち、彼は先頭に立って、貧富の別や出身地を問わず、HIVに感染したすべての人の手に薬を届けようとしました。彼はまた、妊婦から胎児へのHIV感染が薬で予防できることを実証する臨床試験を初めて行った人物でもあります。

ユップは厳しくかつ真摯な態度でリーダーシップを発揮してきました。権力者に対して率直に意見を言うことを恐れず、HIV問題に何ら対応しないこと、あるいは対応が不適切だったり不十分であることについて、彼らの責任を問いました。ユップの言葉が相手を困惑させることもありましたが、人々を行動へと駆り立てる力を持っていたのは確かです。アフリカのサハラ砂漠以南の地域に抗レトロウイルス薬を普及させようとしても、お金がかかるし難しすぎると考えていた科学者や政策責任者は、今や有名になったユップの決まり文句に勇気づけられたに違いありません。

「アフリカのどんなへんぴな地域にも冷えたコカ・コーラやビールを届けることができるなら、薬を届けることも不可能ではないはずだ」

問題に対して現実的な手段で取り組み、意外と思われる相手（ハイネケンやタンザニア軍など）とも協力関係を結びながら、ユップはつねに、最も必要としている人々に対して薬や治療を届けるという目標を見つめていたのです。

ユップにとって、ＨＩＶは単なる感染症ではありませんでした。実態を知るうちに、病と貧困が切っても切れない関係にあることを彼は痛切に感じたのです。アムステルダムを拠点に飛びまわり、彼は世界各地の医療機関に足を運びました。カンパラのＨＩＶ専門の診療所から、バンコクの病院やナイジェリアの農村地域にあるＨＩＶ検査施設にいたるまで。どのような場所を訪ねても、ユップは現地の実情を知るために時間と努力を惜しみませんでした。ＨＩＶに感染した人々の話を直接聞き、より効果的な介入となるよう、革新的な解決方法を探ろうとしたのです。オランダの患者なら当然手に入るような薬さえ買うことができない人々の苦しみを目の当たりにするたび、彼は強い憤りを覚えるのでした。

病気の流行は社会的不条理によって勢いを増すということをユップは教えてくれました。そして彼はＨＩＶ対策にとどまらず、果敢にもアフリカのサハラ以南地域の医療制度改革に乗り出したのです。彼がファームアクセス財団を立ち上げたときの目標は、最貧の暮らしをする人々でも医療保険に入り薬を飲めるようにすることでした。そこまでやれるはずがないと言われることもありました。しかしユップはそのような声には耳を貸さず、ジャクリンとともに、あらゆる人の医療を改善する取り組みを進めていったのです。

　最も必要としている人々に薬を届けるというユップとジャクリンの取り組みのおかげで、おそらく何千万人もの人々が命を救われました。その努力は、二人の亡き後も続いています。将来を見すえた彼らの活動を今も引き継ぐファームアクセス財団、アムステルダム・インスティチュート・フォー・グローバルヘルス・アンド・デベロップメント（ＡＩＧＨＤ）、そしてユップ・ランゲ・インスティチュートは、彼らが残した遺産のほんの一部にすぎません。

　やるべきことは、まだたくさんあります。ユップとジャクリンの思いやりと関心、そして強力なリーダーシップを失った今、私たち一人ひとりがＨＩＶ／エイズとの闘いに向けて、より一層努力しなければなりません。あまりにも多くの人が、日々新たにＨＩＶに感染しています。しかも予防や治療が可能となった今も、あまりにも多くの人がエイズで命を落としているのです。

　科学者として、医師として、そして活動家としてのユップの一生を、語りつくすことはできません。この伝記はそのほんの一部に光を当てるものですが、本書がエイズ撲滅に向けた新たな活動を活性化し、その闘いに挑もうとする次なる世代の研究者・医師・政策責任者に勇気と希望を与えることを心から願います。ユップが示してくれたとおり、何かを変えたいと思っても、行動しない限り何も変わらないのです。


メイベル・ファン・オラニエ妃[訳注1]

訳注1　二〇一三年に亡くなったオランダ王子ヨハン・フリーゾ・ファン・オラニエ＝ナッサウの妃。二〇〇九年のＡＩＧＨＤの開所には王子とともに立ち会った。

この本が生まれたいきさつ

ユップ・ランゲと初めて会ったのは、私が一七歳で理想に燃えていたときだった。彼は背が高く、見るからに立派な人という感じだった。ロンドンのある会議場で、ノートを手に演台から離れ、白髪まじりの短い髪をさっとなでた彼は、ちょうどＨＩＶについての講演を終えたところだった。ユップが所属する国際エイズ学会でコンサルタントとして働いていた母は、彼のいるほうに私をそっと押し出しながら言った。

「ほら、行きなさい。今なら話ができるわよ」

ただ、私は話をしてもらえるかどうか不安だった。

私はよく学校をさぼっていた。ロンドン東部にある自宅に教科書を置きっぱなしにして、ハックニーから西へ向かうバスに乗り、グレート・オーモンド・ストリート病院へ向かう。そこで、ＨＩＶやエイズを患う若者とその家族を支援するボディ＆ソウルという団体の活動に、ボランティアとして参加していたのだ。私は一四歳のときから、その団体の仕事を手伝っていた。若者たちの相談に乗り、試験勉強や、初恋や、ＨＩＶの治療薬のきつい副作用についての悩みを聞いた。その一方で、政府に学校での性教育の改善を働きかける活動にも参加した。私は、性教育やＨＩＶに対する意識を高める活動を評価され、全国レベルで表彰されたこともある。しかしその一方で、欠席ばかりしていたので、学校の先生たちから母に苦情の電話がかかってきていたのだ。

だから、ユップが私のようなダメな学生と話をしてくれるはずがないと思った。私が知っているイギリスの教授は、かしこまったお堅い方ばかりだったからだ。たとえば、ＨＩＶの研究室で実験作業を体験させてほしいとお願いしても、答えは「ノー」だった。私にさまざまな注意事項や手順を覚えさせるのには時間がかかるし、面倒だからだ。

でもユップは違っていた。演壇の前で半円状に彼をとり囲んでいた科学者たちから逃れ、無駄話に加わらないすべを心得た人らしい身のこなしで、彼は人だかりのあいだを縫うようにして、さりげなく抜け出していた。母から聞いていたが、ユップは世間話が大嫌いらしい。学会後のどうでもよいおしゃべりを避けるために、わざわざ携帯電話を耳に押し当て、電話がかかったふりをすることもあるのだとか。しかし、その日彼は、私のほうに歩いてきてくれた。

「私、あなたのような人になりたいんです」と、私は唐突に話しかけた。「勉強して博士課程まで進んで、エイズの治療法を見つけたいと思います」

ユップはにこっと笑った。そして、私の顔の高さまで頭を下ろしてきて、こう言った。

「人を助けたいなら、まずは治療のし方を学ぶ必要があります。医学部に行きなさい」

そこで、私は医学部に進学した。

当時私は、ユップが科学者であることは知っていたが、彼が医者でもあるということに気づいていなかった。医者は、一日中病院で患者を診察しているものだと思っていたからだ。また、医者は個人を診るのが仕事で、集団としての市民全体の面倒を見ることはないと思い込んでいた。政府の役人にガツンとものを申したり、薬の値段を下げろと製薬会社をがみがみ叱りつけたりして、一気に何千人もの命を救うようなことを、一人の医者ができるなどとは、考えたこともなかった。私はユップと出会うまで、そういうことを理解していなかったし、公衆衛生という概念があることすら知らなかったのだ。

そのときユップのとなりには、オランダのウイルス学者で世界屈指のHIV研究者でもあるチャールズ・ブーシェ博士もいた。チャールズは、まるで漫画に出てくるマッドサイエンティストのような風貌だった。丸眼鏡をかけ、頭にはもじゃもじゃの茶色い巻き毛が逆立っている。そして、私がどのようなキャリアを目指すべきかユップに相談していたら、チャールズが、夏休みにユトレヒトのウイルス研究所に勉強においで、と誘ってくれたのだ。それは夢のような三カ月間だった。ひたすらニシンの酢漬けを食べ、SARSを引き起こすウイルスのネズミ版をシャーレに植え付けた。私はピペットの使い方も、ゲル状の培地の作り方も、そのオランダの研究室で学んだ。ウイルスが抗ウイルス剤に対する耐性を作る過程を観察するためだ。そうして実験室で得られた知識が、いずれは患者の枕元に届くことになるんだな、と思った。

私はユップのアドバイスに従って医学部で学び、チャールズの勧めでこの本を書くことになった。二〇一六年に、アムステルダムにいるチャールズから電話があり、ユップの偉業を多くの人に伝えなければならない、と言われたのだ。そのとき私は、ダラスの家を引き払ってワシントンDCに引越す準備をしていた。転職し、三つ目となる職に就くためだった。卒業後イギリスの病院で医者として働き始めた私は、その後アメリカ政府の感染症情報サービス（EIS）の調査官（通称「病気の探偵」）として勤めてから、トロント大学でジャーナリストになるための専門教育を受けた。

チャールズから電話をもらったときは、『ダラス・モーニング・ニュース』紙の記者として働き、テキサス大学ダラス校で疫学の教授も務めていたが、心機一転したいと思っていた。前年に自宅が竜巻の直撃を受けたからだ。そのとき家族は家の中にいたが、無事だった。私はエボラ出血熱の流行を取材するためリベリアに行っており、留守だった。

私はワシントンに引越してフリーランスで働きながら、自分のＥＩＳでの経験について回想録を書き始めることを考えていた。でもユップについて書く勇気はなかった。あの複雑な人物を、一人の科学者として平面的に紹介してしまうことを恐れたのだ。彼についての記事は、どれも聖人伝のようだった。伝えきれていない、と私は思っていた。

本の企画書を書いてみます、とチャールズには伝えたものの、私はそれに着手せず、何カ月も放っていた。それが、ある日のこと。私はオレゴン州の田舎にあるプレイヤ・レジデンシーという作家のための宿泊施設に滞在し、ログハウスのポーチに立って、湖の景色を眺めていた。水の中をマスクラット[訳注1]がすべるように泳ぎ、背後に広がる白い塩の平原[訳注2]の表面をかすめるように鳥が飛んでいる。そのとき、私は思ったのだ。今こうして、自分の医者としての人生を振り返る本を書いているのも、ユップのおかげだ、と。あの日、彼は一七歳の私が抱いていた野心と意欲を見抜いた。そして、難しいからやめておきなさいとか、とりあえず目の前の勉強をしなさい、とは言わず、およそ不可能なことを可能であるかのように語ってくれたのである。

ムスリム教徒の移民のコミュニティ（女の子は将来主婦になるものとして育てられ、大学に進学する者はほとんどいなかったし、医学部に行った者は周りにだれ一人いなかった）でシングルマザーに育てられた私でも、当然医者になれるとユップは考えていた。そして、私は彼の言葉を信じた。あの

訳注１　ビーバーのようなネズミ科の動物。
訳注２　塩湖が干上がってできた部分。

ときの短い会話で、私の人生が変わったのだ。

ユップが亡くなった日、『ダラス・モーニング・ニュース』紙の仕事を始めて二週間目の私は、前日の一面に載せた記事について話をするため、CNNテレビに生出演するところだった。その記事はメキシコから国境を越えてテキサス州に入ってくる子どもたちについて書いたものだ。なかでも幼い子はまだ六歳だというのに、一人で歩いて来たのだ。その子たちは不潔でアメリカに病気を持ち込む、と政治家は怒りの声をあげていた。エボラ熱を持ってくる危険があるとさえ言っていたのだ。これに対し私は、子どもたちにしてみれば、中央アメリカにいたときよりもテキサスに来てからのほうが病気に感染するリスクはよほど高いだろう、と書いた。

ところが、生放送が始まる直前になって、CNNのプロデューサーに「あなたの出演は中止です」と言われた。「急なニュースが入りました。ウクライナでジェット機が墜落したのです」と。

まもなく母から電話があった。

「あの飛行機にユップが乗ってたの。オーストラリアのエイズ会議に行く途中だったのよ。こんなことが起きるなんて……」

私は急ぎ足でトイレに向かったが、たどり着くまでに顔は涙でぬれていた。新聞社の編集長が通りかかり、なぜ頬にティッシュのくずをつけているのかと尋ねる。私はニュース室にずらりと並ぶテレビ画面を指さした。編集長は両手で口を覆った。

マレーシア航空MH17便のユップのとなりの席には、ジャクリン・ファン・トンヘレンが座っていた。ユップの人生、恋愛、エイズとの闘い、そのすべてにおいて、彼のパートナーだった女性だ。ジャクリンはエイズ専門の看護師だったが、まだティーンエージャーだったころの私は、彼女のことを知って驚いた。看護師である以外に、彼女は画廊を所有し、バレエを踊り、歴史的建物の修復もしていたのだ――しかも、すべて彼女が三〇歳になる前のことだ。いったいどうやって、一人の女性が、それほど多岐にわたる才能を持ち合わせることができるのだろうと思った。

ジャクリンの友人には、彼女があの飛行機に乗っていて、ある意味よかったのかもしれない、という人もいた。彼女はきっと、愛するユップのいない人生など耐えられなかっただろうから。二人はともに生きてきたように、ともに亡くなったのだろうと、友人たちは想像していた。お互いのそばで、しっかり抱き合って。

さて、私はジャーナリストである以上、本書の冒頭で、自分とユップとの関係を読者に伝えておくべきだと思う。私がユップと会う機会は少なく、会っている時間も短かった。知り合ってからの何年かのあいだに、世界各地で開催されるエイズ会議でユップとジャクリンに会う機会が数回あっただけだ。私など、その程度の知り合いにすぎない。しかしユップは、自分のスケジュールが多忙を極める――しょっちゅう飛行機で大陸を越えて飛びまわり、そしてしょっちゅう乗り遅れていた――にもかかわらず、私のためにたびたび推薦状を書いてくれた。私にとっては、かなり高望みの挑戦でしかないときでさえ、快く応じてくれたのだ。人生でできる限り多くのことを成し遂げたいという意欲に対して、彼が疑問を差しはさむことは決してなかった。あるときユップは、むっつりした教授たちを前に講演をする際、冒頭でルイス・キャロル作『鏡の国のアリス』から、白の女王の台詞を引用した。

「あら、わたくしは朝食前にありえないことを六つも信じたことだってありますわよ」

ジャーナリストはとかくバランスを大事にしたがる。でも、はたしてバランスなどというものが存在するかどうか、私は疑問に思う。私はユップと面識があったため、すでに自分なりの印象は持っているが、なるべく彼という複雑な人物の複雑さそのものを描くよう努力した。ユップは優しく、思いやりがあり、患者たちを心から大切にし、不条理に対して真摯に立ち向かった。仕事の同僚としては、やりにくい人でもあった。ＨＩＶに対する激しい怒りにあふれ、その感情がときに他者との人間関係に飛び火した。実際ユップは、シアトルでのエイズ専門家会議の後、私の母を泣かせたことがある。そのとき行っていた共同プロジェクトが思うように進展せず、いらいらしていたことが理由だ。ユップにとって、物事が満足する速さで進むことはまずなかったようだ。

インタビューに応じてくれた何人かは、長年彼の友人だったにもかかわらず、一見些細なことで口論になり、友情が壊れてしまったと言っていた。かと思うと、彼は驚くほど親切な一面を持ち、他人を守るためにみずからのエゴは封じ込める人だった、という声もあった。

一方ジャクリンはまるで違う性格だった。五〇人以上にインタビューし、彼女についての記録を読むのに多くの時間を割いたが、ジャクリンのことを悪く言う人は一人もいなかったし、批判的な言葉一つ見つからなかった。だれからも愛された人だったようだ。

本書を書くにあたって、世界各地の取材先で直接インタビューを行った。アムステルダムをはじめ、ハーグ、バルセロナ、ボストン、ワシントンＤＣ、ロンドン、プレトリア、ケープタウンまで足を運んだ。また、ユップとジャクリンの親族や友人、同僚の話を聞くため、オーストラリア、ウガンダ、フランス、アメリカ、タイ、南アフリカ、そしてアルゼンチンと、スカイプでつないだ。ユップの幼少期の家を訪ねたが、当時の村はもうなくなっていた。ユップとジャクリンの友人、家族、一九八〇年代や九〇年代の同僚、そして二人が亡くなる前の数日間に言葉を交わしていた方々の話をうかがった。これらのインタビューをはじめ、文書として残された記録、医学雑誌、会議録音などを参考に、それぞれの場面を想像して組み立てた。さらに、オランダ史の専門家、ならびにエイズ問題へのオランダの対応を専門とする研究者にも話を聞いた。オランダという国の過去（宗教戦争そして帝国の遺産）を知り、その土壌がいかにして、エイズとの闘いにおける世界的なリーダーを生み出すにいたったのかを明らかにしたいと思ったからだ。

涙ながらに個人的な思い出を語ってくれた方々に感謝したい。特に、ユップの姉リート、そして彼の一人息子マックスには、弟として、父としてのユップの思い出を惜しみなく語ってもらった。心からお礼を申しあげる。

この本を書いたのは、二〇一七年の春から夏にかけて、ちょうどMH17便の撃墜から三年となる時期だ。七月のその日、二九八名の方々が亡くなった。そのなかには、赤ちゃんもいたし、先生もいた。だれかのおじいさんやおばあさん、そして科学者もいた。そのすべての方々に、この本を捧げる。

第一章　終焉

六時間後に飛行機は墜落する。ニュースに彼の顔写真が流れる。アメリカのテレビのキャスターは、オランダ語の彼の名前をおかしな発音で読むに違いない。ユープだの、ヤップだの。そして彼のことを紹介するだろう。エイズと闘った天才科学者、医学界の外交官、五人の子の父親、人道主義者、ＨＩＶの治癒への道を切り開いた偉大な発見者などと。「ユップ」の愛称で知られたヨセフ・マリー・アルベルト・ランゲ博士は亡くなった。これでＨＩＶ治癒への鍵は燃えかすとなり、ウクライナの草原に散ってしまったのではないかと世界じゅうの人々が思った。

武装勢力は、撃ち落とす飛行機を間違えたのだ。砲弾が機体を突き破った瞬間、マレーシア航空17便のビジネスクラス、座席番号３Ｃに座っていたユップがそれを知ったら、きっと「バカ者」とか、オランダ語で「God verdomme《ちくしょう》」とかつぶやいたに違いない。彼は、相手が大統領だろうが、ノーベル賞受賞者だろうが、バカだと思った相手なら公然とバカ呼ばわりして罵ることで知られていたから。親ロシア派武装勢力が発射した地対空ミサイル「ブーク」は、機体の先端付近で爆発した。

「バカ者らが。ロシアと一緒にくだらない戦争などしやがって。そんな戦争地帯の上空を飛ぶように指示した航空管制官らも、大バカ者だ」

そもそもユップはマレーシア航空も嫌いだった。ＨＩＶの流行を追って世界じゅうを飛びまわっているうちに、お気に入りのＫＬＭオランダ航空のマイレージは何百万マイルもたまっていた。ただ、アムステルダム発メルボルン行きのビジネスクラスは、マレーシア航空がいちばん安かったのだ。彼はメルボルンで開催される第二〇回国際エイズ会議で、講演を行う予定だったのである。

メルボルンでは、ソフトな声でナイフのように鋭い言葉を発するこのオランダの医学研究者の話を、一万六〇〇〇人が楽しみに待っていた。ユップは自分が思ったままを言葉にし、専門用語でごまかすこともなければ、政治的な忖度もしなかった。彼はエイズ流行の最も初期の段階で（それはたまたま彼が医学研究者としての一歩を歩み始めた時期と重なったのだが）、この道に飛び込んでしまった。まさにそのときから、貧しく弱い人々を擁護し、周りからは現実的ではないとか常識外れだと言われるような立場をとり始めたのである。大きな国際エイズ会議などの最も重要な舞台でも、ユップは世界で有数の権威ある科学者と対立し、現状の維持だけでは決して満足しなかった。何もしなければ金持ちの白人ばかりが優遇されるからだ。

科学者や政策責任者が、エイズ患者の命を救う薬をアフリカに普及させることは難しいと言えば、ユップは彼らを「卑怯者」や「能無し」と呼んで罵った。「アフリカのどんなへんぴな地域にも冷えたコカ・コーラやビールを届けることができるなら、薬だって届けられるはずだ」というのが、彼の決まり文句だった。

◆　◆　◆

ユップがエイズと出会ったのは、一九八一年の夏だった。二六歳の彼は、医学部を卒業したばかりで、この謎めいた新しい死病と相対することになる。彼が勤めるアムステルダムの病院の救急外来を訪れた男性たちは、彼と同じくらいの年か、ときには彼より年下の若者だった。体は発熱し、どんよりした目の周りにはどす黒いくまができている。まるで死人のようにふらふら歩き、担架に崩れ落ちる彼らの体をむしばんでいる感染症は、人類がまだ遭遇したことがない病で、治療のための手引きさえなかった。

患者たちの血管の中を流れ、脳に入りこみ、睾丸に潜んでいたウイルスは、あれこれと変異をとげながらサルからヒトにうつったものだった。そしてまさに侵入者からヒトの体を守る機能を持つはずの免疫系を攻撃したのだ。患者たちの体は無抵抗になり、肺や皮膚に数知れない奇妙な感染症が広がった。目が落ちくぼんだ若い男性たちは、乾いた咳に苦しみ、下痢の汚物にまみれていた。彼らはじわじわ苦しみながら死にいたった。

エイズに尊厳などない。あるのはただ困惑だけだ。愛する人に先立たれ、残された恋人は絶望し、両親は途方に暮れた。ユップは袖をまくり上げて診察にあたるしかなかった。患者の腹を手で押さえるだけでなく、若い患者たちにセックスや情欲に関する質問もした。小説の本やメモ帳をかばんに詰め込んでは、サンフランシスコやロンドンやシドニーに赴き、エイズで為すすべもなく患者を亡くしているほかの医師たちと話をした。

当時、エイズは死刑宣告に等しかったが、ユップはそれを変えていった科学者の一人だ。アムステルダム大学の学術医療センターで、彼は患者の血液サンプルの入ったガラス容器をその長い指でつかみ、病棟と研究室を行ったり来たりした。風を切って足早に廊下を歩き、白衣の裾がぱたぱたと揺れた。この新しい病は、臨床現場だけでは闘えない相手だった。研究室でしっかりと向き合い、エイズを引き起こすウイルスを調べあげる必要があったのだ。

聴診器と顕微鏡をともに使い、シャーレと患者の症状を交互に観察し、ユップはＨＩＶの正体をあらわにしていった。そして、ウイルスの構造を明らかにし、その弱点を突きとめた。ユップが一九八〇年代半ばに行った博士課程の研究のなかには、ＨＩＶとエイズに関するその後の研究に大きな影響力を与える発見が含まれている。それから三〇年にわたり、彼は四〇〇本近い論文を発表し、ある試算によれば、何百万人もの人々の命を救ったのだ。

二〇一四年七月一七日、マレーシア航空の飛行機に搭乗したユップのとなりには、彼の人生最愛の人、ジャクリン・ファン・トンヘレンがいた。彼と同じ道を歩き始める前に、いくつもの職業を経験した女性だった。つややかな茶色い髪がふんわり肩を覆い、ふくらはぎまであるデザイナーズブランドのナース服を着こなしていた彼女は、その立ち居振る舞いのすべてがエレガントだった。頬骨が高く美しい顔、そしてなめらかな肌は、とても六四歳――もうじき六五歳――には見えなかった。ジャクリンの誕生日は、九日後だった。そして、ユップは九月に六〇歳を迎える予定だったのだ。

二人が出会ったのは、一九九〇年にアムステルダム大学学術医療センターの看護師長として彼女が採用されたときだった。当時ジャクリンは別の男性と暮らしていたし、ユップも結婚しており、妻とのあいだに五人の子どもがいた。その後、ユップとジャクリンの何十年にもおよぶ友人としてのつきあいは次第に恋愛関係となり、二人は亡くなる年の七年前に、家族や気心の知れた友人たちにそれを公表した。

ジャクリンは、ユップのとなりの窓側の席、３Ａに、背中をしゃんと伸ばして座っていた。きれいな姿勢は、長年バレエをやっていた名残だ。マレーシア航空のビジネスクラスの機内食メニューを見た彼女は、同僚のハン・ネフケンスに「美味しそう、楽しみ」と、テキストメッセージを送った。アジア料理は、彼女が生まれた国、インドネシアを思い出させるのだ。また、弟にも、ある大事なことを伝えるため、メッセージを送っていた。

MH17便に乗る前の晩に、ジャクリンはどういうわけか遺書を書いていた。そして、その執行人として弟のフィリップ（フリップ）・ファン・トンヘレンを指定していたのだ。「電話して言っておこうと思ったのだけど」というEメールを、午前一時に弟に送信している。

そして、知らせたい秘密がもう一つあった。長年別々に暮らしてきたユップとジャクリンは、ついに二人で住むための家を――愛の巣を――買ったのだ。一〇日後、メルボルンから戻ったら入居する予定だった。その家で、ユップは小説を書くことにしていた。ジャクリンは、ユップと一緒に長い休暇をとって、その家を拠点に世界じゅうの行ってみたい場所へのんびり旅することを夢見ていた。もちろん、二人してHIV撲滅を目指した闘いは続ける。一つのウイルスが体内に侵入し、白血球を破壊したのち、国境を越えて地域の経済まで破壊していくさまを、二人は間近に見てきたのである。

◆　◆　◆

今、ウクライナの村の上空に、黒煙と悲嘆が入り混じったむせ返るような空気が漂う。オーストラリアのアウトバックのガイドブックは灰になり、コアラのぬいぐるみの顔も焼けてくしゃくしゃだ。旅行用の歯ブラシは溶けてプラスチックの液となって焦げた黄色い草の合間に点々とたれている。ずたずたになった機体は野原のあちこちに散乱し、引きちぎられた胴体や尾翼の部分はまだくすぶっている。

乗っていた人は全員亡くなった。二九八人の中には、複数のオーストラリア人、インドネシア人、マレーシア人、イギリス人、オランダ人、ドイツ人、ベルギー人、フィリピン人のほか、アメリカ人とカナダ人とニュージーランド人がそれぞれ一人ずつ含まれていた。死者の中には、赤ん坊が三人、子どもが七七人、修道女とヘリコプターの操縦士が一人ずつ、そしてエイズ研究者が五人いた。あるオーストラリアの夫婦は、同じ年の三月に消息を絶ったマレーシア航空の別の便、MH370で、息子夫婦を失い、今回のMH17で孫を一人亡くした。近隣の家や畑には、遺体が降ってきた。彼らの体と命は、親ロシア派武装組織にとっての取引材料にまでされてしまった。

◆　◆　◆

死が訪れる六時間前。アムステルダムは涼しい夏の朝を迎えた。ジャクリンは自宅の床にしゃがんで荷造りをしていた。ミッソーニのスカートやコム・デ・ギャルソンのブラウスを詰め込もうとするが、スーツケースはすでに靴でパンパンだ。親友のペギー・ファン・レーウェンにテキストメッセージを送る。「私ったら、まるでオランダ版イメルダ・マルコスよ！」

ユップは、スタッフの一人に皮肉っぽいEメールを送り、医学雑誌と小説三冊を機内持ち込み用の荷物に詰めると、愛犬リジーの柔らかい灰色の毛をなでた。そして、五人の子どもたちと暮らすおしゃれなベートホーフェン通りに、リジーを連れて出た。長いフライト前の散歩だ。朝の風はさわやかで、リジーは嬉しそうにユップの脚のあいだを出たり入ったりする。車で通りかかった友人に、ユップは手を振った。

第二章　ことのはじまり

一九六一年八月のさわやかな風が吹く朝、ノルウェーのオスロ・フィヨルドに臨む波止場から、ある十代の青年が商船に乗り込んだ。青年の名はアルネ・ヴィダー・レード。一五歳になったばかりで、四〇〇〇トンの貨物船ホーグ・アロンデ号の調理助手として採用されたのだ。

その日はアルネが船員として働く初めての日だった。凍てつくスカンジナビアの海域を後にし、ギニア湾の温暖な海を目指して船旅が始まる。一五の若者にとって、これ以上わくわくすることがあるだろうか。

とはいえ船上の生活に退屈はつきものだ。何カ月ものあいだ金属製の船に閉じ込められ、男ばかりに囲まれて過ごす日々。アルネは苛つき、羽を伸ばしたくてうずうずしていた。そしてついにカメルーン最大の都市ドゥアラで船を降りたとき、青年の目に映ったのは、漁師、造船職人、農民など、精を出して働き、みずからの肉体の力に頼って生きる人々の往来でごったがえす町のにぎわいだった。

粗末な店構えの酒場からは、汗の臭いとビクシ[訳注1]の音色が漏れて、町の通りに漂っていた。アルネはビールを一気に飲み干すと、店でできた友だちに倣って、ビートに合わせ、腰をふり、足を踏み鳴らした。そして数日がたち、再び船に乗ったとき、アルネはあの晩もらった思わぬ旅土産を宿していたのだ。その正体は淋病。初めての航海のあいだに彼が感染することになる、三つの性感染症の一つ目である。

アルネはこの菌を道連れに、北へ向かって航海を続けた。途中、ナイジェリア、ガーナ、コートジボワール、リベリア、ギニア、セネガルの港に立ち寄った。故郷ノルウェーに戻ったのは、一〇カ月の旅路の後だったが、彼の血管の中に寄生した名もない病原菌が姿を見せるまでには、さらに四年の歳月がかかることになる。

その間、感染症という旅土産を体の奥深くに宿したまま、アルネは商船の乗組員として、カナダ、カリブ諸島、アジアやヨーロッパへの航海を続けた。アフリカは、一九六〇年代半ばにケニアのモンバサに二日間停泊した以外は、再び訪れることはなかった。

一九六五年、アルネはオスロに落ち着き、結婚して女の子が生まれ、若い父親になった。一九六六年に二人目の娘が生まれたが、そのころには、アルネの関節は腫れあがって熱を帯び、胸は詰まって息苦しくなり、筋肉には強い痛みがあった。あごの下の左右の腺はこぶのようになり、押さえるとずきずき痛んだ。腿のつけ根に沿うように、さらには腋の下にも、痛みを伴うぐりぐりしたしこりが盛り上がっていた。また、胸と背中には赤い水疱がいくつもの塊となって現れた。

オスロの診療所の医師たちは、アルネを診て当惑した。彼らは、この若者の病状を次々に書き出し、頭をかかえた。哲学で言われる「オッカムの剃刀《かみそり》」[訳注2]という考え方は、医療にも適用される。この原則

訳注1　カメルーンの伝統音楽。
訳注2　「オッカムの剃刀」とは、「必要以上に多くのものを定立してはならない」という原則。ある現象を説明するために複数の理論があるなら、より広範囲の事象を説明できる、より単純な理論のほうがよいとする考え方。

に従うと、医者は患者に見られるさまざまな問題を網羅する一つの診断に結びつけることになる。しかし、咳、発熱、奇妙な発疹、リンパ節の腫れ、および関節の痛みのすべてを説明できる疾患などあるだろうか？　これは「オッカムの剃刀」ではなく、その反対を説く「ヒッカムの格言」[訳注3]があてはまるケースかもしれない。「ヒッカムの格言」によるなら、患者は一度にいくつもの違う疾患にかかってよいことになる。そうだ、それに違いない。

医者たちはアルネに対し、「結合組織の障害」というあいまいで無益な診断を下した。そして走り書きのような処方箋で、ステロイド剤を出すよう薬剤師に指示した。それで免疫系の激しい炎症がおさまってくれると期待したのだ。

やがて、アルネの妻も病に倒れた。軽い尿路感染症が急激に悪化し、膀胱や腎臓の重い疾患を引き起こした。彼女の舌には白い苔状のカビが生え始め、脳は腫れて頭蓋内での圧迫が見られた。彼女は白血病と診断された。

アルネの症状は重くなったり軽くなったりをくり返した。船に乗るには体調が悪すぎたので、トラックの運転手として働き始め、荷物を積んではオランダ、オーストリア、ドイツ、フランスなどに運んだ。上の二人の娘たちは元気に育っていたが、末娘は二歳になると、子どもにはめったに見られない奇妙な感染症を発症した。その子の肺には、母親の舌を覆っていたのと同じ白いカビが蔓延していたのだ。両親は、ドロッとしたピンク色の抗真菌薬入りシロップをスプーンで何度も娘の口に運んだが、カビの胞子はしぶとくはびこり、消えることはなかった。

さらに、細菌が幼い娘の体を襲う——関節や骨、血液にも、黄色ブドウ球菌とインフルエンザ菌[訳注4]が定着し、増殖した。そこにウイルスも侵入した。水ぼうそうや帯状疱疹を引き起こす水痘・帯状疱疹ウイルスが娘の臓器を次々に侵し、娘の三歳の誕生日を待つことなく、その命を奪ったのである。

二九歳のアルネは悲嘆にくれた。腰や膝の痛みにうめき苦しみ、腫れや発疹は体じゅうのあちこちに現れ、増え続けた。やがて失禁するようになり、一日に何度もズボンを汚した。そして彼が再び病院を訪れたとき、医者たちは、廊下をよろけながら歩くアルネの姿を目の当たりにした。彼の両脚は麻痺しつつあったのだ。しかも、正気を失ったかのように訳のわからないことをつぶやいている。医者は彼の病状に関し、「痴呆」および「原因不明の病」との所見をカルテに書き残した。

アルネは末娘の死から三カ月後に死亡した。三〇歳の誕生日を迎える三カ月前、一九七六年四月のことだった。彼の妻も一二月に亡くなり、医者たちには三人分の謎が残された。ノルウェー国立病院（現オスロ大学病院）の医師、スティグ・フレドリック・フレーランは、三人の遺体を解剖し、カビや細菌やウイルスにむしばまれた臓器をとり出した。脊髄からは膿がしたたり、脾臓は衰え、免疫系は無残に破壊されていた。

この親子三人がかかった病気が何だったのか、なぜこれほど急激に症状が進み、死亡するにいたったのかを説明できる医者はいなかった。ところが、あることを思いついたノルウェーの医師が、その仮説を携えてイタリアに向かった。フレーラン医師の同僚、クリスティアン・フレドリック・リンブーである。彼は一九七七年にローマで行われたイタリア・スカンジナビア神経病理学会に出席し、この三つの奇妙な症例を発表した。

リンブーは、幼い娘のリンパ組織、父親の脳、母親の脾臓を写したスライドを次々に紹介していっ

訳注3　「ヒッカムの格言」は、医療の現場での「オッカムの剃刀」の適用に反論する考え方。患者は同時に複数の疾患にかかっている可能性があり、より単純な診断に結びつかない症状をむやみに切り捨てるべきではないとする。

訳注4　*Haemophilus influenzae*。ヒトの上気道に常在する細菌で、呼吸器、中耳などに感染する。いわゆるインフルエンザの原因となるウイルスとは異なる。

た。さらに、正体不明の病原体に攻撃されボロボロに破壊された親子の神経細胞を見せた。彼らのヘルパーT細胞は、ほとんど消え失せていたのだ。大勢の神経学者や病理学者の集まる会場で、リンブーは思いきってみずからの仮説を述べた。この親子を死に追いやった原因は、感染性の病原体、すなわちウイルスなのではないか、と。リンブーの考えは正しかった。しかし、彼がそれを実証できるようになるまでには、さらに一一年の年月を要することになる。

一九八七年になって、リンブーはフレーランとともに再び病院の冷凍庫に足を運び、保存されている親子の血液サンプルを解凍し、残された検体から新たな話題になっている奇妙なウイルスが検出されるか調べた。ある大規模な感染症が地球のあちらこちらで広がっており、すでに何千人もの死者が出ていたが、ようやくその新しい病気に感染しているかを検査する方法が確立したのだ。リンブーたちは親子の血液サンプルを検査した。すると、アルネの血液も、妻と娘のものも、ヒト免疫不全ウイルス（ＨＩＶ）の検査に陽性反応を示した。

「ただ、科学においても、人生のほかの場面と同じように、タイミングが大事です」と、リンブーは言った。「私たちは、その時点では明らかに先を行きすぎていたのです」

◆　◆　◆

さて、一九七一年といえば、まだアルネが手の痛みをこらえてハンドルを握っていた時期だ。貨物トラックでオランダ北部の平坦な道路を行き来し、南部の高地へ向かうこともあっただろうか。ちょうどそのころ、ひょろっとした体つきの物静かな一七歳の青年が一人、田舎暮らしから脱出して世界へ旅立つため、ひそかに計画を立てていた。

ヨセフ・マリー・アルベルト・ランゲ、愛称「ユップ」は、オランダのデンブリールという町に住んでいた。「デンブリール」の語源「brogilo」は、ケルト語で「閉ざされた」という意味だ。ユップは、とにかくこの町を出たくてたまらなかった。

ユップは生涯を通じて幾度となく転居し、より大きい町へと移り住んでいる。一九五四年、彼が生まれたのは、オランダ南端のニューウェンハーヘンというのどかな炭鉱村だった。村にはカトリックの教会が二つ堂々とそびえており、どちらも彼の家から数百メートルしか離れておらず、村の暮らしは、この二つの教会を中心にまわっていた。

ニューウェンハーヘンはリンブルフ州に位置する。オランダ最南端の州であり、国じゅうで平地でないのはこの地域だけだ。ユップが生まれた地は、国内有数のチョコレートとビールの産地であるが、カトリック教の信仰が根強く、息苦しい場所でもあった。

オランダの地図で見ると、リンブルフ州はまるで、国土のつま先にできたポリープみたいな形をしており、東側はドイツに、西側はベルギーにめり込んでいる。ユップの村からは、自国の首都アムステルダムよりも、ブリュッセルやケルンのほうが近い。ドイツ語・オランダ語・フラマン語をごちゃまぜにしたリンブルフ語と呼ばれる方言と、それを独特のなまりで話す南部の住人のことを、北の都市部の人たちはばかにしていた。

一六世紀半ばに始まった八十年戦争で、ネーデルラント諸州はスペインからの独立を求めて戦った。リンブルフ州でも血みどろの戦いがくり広げられた。しかし、この州の住民のほとんどは筋金入りのカトリック教徒であることから、むしろ、同じカトリック教のスペイン人のほうにくみして、北のカルヴァン派オランダ人と戦うことを選ぶ者も多かった。その後も州は、一八六〇年代にいたるまで、ドイツ側の兵士として戦わせるため、若者を戦地に送り続けたのだ。

リンブルフ州の人々は、つねによそ者という意識が強い。自分たちは北部の同胞とは違うと思っている人も多く、女王誕生日を祝うのも、ワールドカップでオランダのチームを応援するのも、あまり熱心にやりたがらないくらいだ。彼らはしばしば、みずからを「一にリンブルフ州人であり、二にオランダ人」と認識してきた。

ユップの親族は、カトリック教の伝統が根強いリンブルフ州にいながらも、教会の影響をなるべく避けるようにしていた。ユップの母方の祖母マリアは、司祭からもっと子どもを作るように言われても聞く耳を持たず、家庭のことに口出しするなと言い返したそうだ。

祖母マリアはシェン・ベルトラムと結婚した。二人ともカトリック教徒の大家族の出だった。そして第二次世界大戦のさなか、夫婦は事業を起こし、ニューウェンハーヘンでカフェを開いた。そこでは、アメリカ兵がビールをあおり、オランダ人の女たちとたわいのない会話を楽しむ。また週に二回は、増築した離れでダンスホールを営んだ。

商売は繁盛した。やがて、娘（やはり聖母にちなんでマリアと名づけた）とその夫、シェフ・ルムケンスの助けも得て、村でも指折りの大きな家を見つけ、孫たちの小さい足がタイルの床をペタペタと走りまわる日々を思い描いて、その家を購入した。「ヴィラ・ベルヴェデーレ」という名のその家はレンガ造りの見事な邸宅で、道路からは木塀で仕切られ、カシやトウヒの木陰にたたずんでいた。

娘のマリア夫婦には、第二次大戦中に二人の子どもが生まれた。息子の名はジャン、娘はまたマリアだったが、家の中に三人もマリアがいて紛らわしいので、マリーチェまたはリーチェ、あるいはリートと呼ばれていた。

リートが八カ月のとき、父シェフが倒れ、脳動脈瘤によるクモ膜下出血と診断された。リートとジャンが子ども時代を過ごしているあいだ、父親はずっと病床にあり、麻痺に苦しみ、四〇歳で命を

ヨセフ・マリー・アルベルト・ランゲ
「ユップ」の愛称で親しまれた

落とした。子どもたちはまだ一〇歳にもなっていなかった。

若くして残されたマリアが再婚相手に出会えるように、友人たちが世話をやいた。夫が亡くなって数年後、友人らはマリアをパーティに誘い、一〇歳年下の素敵な男性を紹介した。ヨセフ・ランゲは、近隣のヘールレンの中産階級の家に生まれ、オラニエ＝ナッサウ炭鉱で技術者として働いていた。

マリアとヨセフは一瞬にして恋に落ちた。二人の年の差――保守的な小さな村では、それだけで十分スキャンダル扱いだ――について、人々はひそひそと噂した。それでも、一年のうちに、二人はつきあいを深めて結婚し、息子も生まれた。そして、親から代々名前を引き継ぐ慣習に従って、その子はヨセフ・マリー・アルベルト・ランゲと名づけられた。ユップがヴィラで生まれたのは、一九五四年九月二五日のこと。姉リートと兄ジャンは優しい声で小さい弟をあやし、祖父母も大騒ぎで世話をした。

アメリカ軍がリンブルフ州を解放すると、ユップの祖父母はダンスホールに使っていた離れを改築して、小さな映画館にした。さらに、ユップが三歳になるころ、ニューウェンハーヘンの中心に大きな映画館を建てたのである。しかし、残念ながら映画館の時代は陰りを迎えていた。オランダじゅうの家庭にテレビが普及し始めていたからだ。祖父母は振るわない映画館の上階のアパートへ引越すことになった。一方、ユップの母も、両親から独立し、大家族での手狭な暮らしから解放されたいと思い、夫が勤務する三マイル（約五キロ）先の町、ヘールレンに引越さないかと夫に持ちかけた。夫は賛成し、マリアは大喜びした。ヘールレンに移る。つまり、もう両親と一つ屋根の下で暮らさなくてよいのだ。

ユップの父は、自分の意見を強く主張する男で、食事の席で知的な議論を戦わせることを好んだ。おかげでユップも自分の考えを述べて譲歩せず、立場を固守するすべを覚えた。それでも、カトリック系の学校に通うべきだと言い張る母を説き伏せて、それを逃れることはできなかった。当時のヘールレンの学校を運営していたのは、フランシスコ会修道士である。彼らは地味な茶色い修道服にサンダルという姿で長い廊下を巡回し、少しでも規律に背く子どもがいれば、しかりつけていたのだ。

ユップの母は、カトリック教の教えを多少は守っていたが、父は子どものころ、母親と死に別れた際に、宗教と決別していた。当時ミサの侍者を務めていた父は、母親を亡くした喪失感と信仰とのあいだに折り合いをつけることができず、無神論者になったのだ。そして父と同じように、ユップも宗教はくだらないと思うようになっていた。とりわけ、宗教が自分にとっての至福の時間――読書――の邪魔になるときは、そう思った。

彼が通うカトリック系の学校は、文学の蔵書に乏しかったので、あるときユップは修道士たちにその不満をぶつけた。近所の図書館のほうがよっぽど幅広い種類の本がそろっている、と訴えたのだ。ユップはぶたれた。

ユップにとって、本はオランダの片田舎の外に広がっている世界への入口だった。ウラジーミル・ナボコフ[訳注5]は、ロシアや、アメリカのアイビー・リーグの大学へと彼をいざない、ギュスターヴ・フローベール[訳注6]は、フランスの田舎を舞台とするスキャンダルを語ってくれた。ユップはオランダ語や英語、フランス語で書かれた作品を、次々と読みふけった。特に東ヨーロッパの作家が好きで、オランダ語に訳されたニコライ・ゴーゴリ[訳注7]の作品を何度読み返したかしれない。また、ヴィレム・エルス

訳注5　ウラジーミル・ナボコフ（一八九九～一九七七）ロシア生まれの作家。のちに欧州・米国で活動し、米国に帰化。代表作『ロリータ』。
訳注6　ギュスターヴ・フローベール（一八二一～八〇）フランスの作家。代表作『ボヴァリー夫人』。
訳注7　ニコライ・ゴーゴリ（一八〇九～五二）ロシアの作家。代表作『外套』、『狂人日記』。

ユップと姉のリーチェ・デ・クリーヘル

ホット[訳注8]の本もむさぼるように読んだ。

ときに、姉のリートがユップの部屋に入ろうとしても、ドアが開かないことさえあった。彼の寝室は、壁にそって本がびっしり積み上げられており、ベッドの周りから部屋の入口までの床にも本が散らかっていて、ドアをふさいでしまうからだ。小説家になることを夢見ていた彼は、ある日の食卓で、将来やりたい仕事について家族に打ち明けた。

「僕は作家になるんだ」と、ユップは言った。

「でも、どうやって食べていくというの？」と、母が聞いた。

ユップがしばらく黙って考えていると、姉が助け舟を出してくれた。

「作家と医者の両方になれたらいいんじゃない」と、リートが言った。

それを聞いてユップは大好きな著者、ヤン・スラウエルホフを思い浮かべた。オランダの詩人で、作家でもあったスラウエルホフは、アムステルダム大学の医学部を卒業し、船医として働きながら、小説を書いていたのだ。

ユップは目を大きく見開いて考えた。

もし大学で医学部に進めば、自分は一族で初めての医者ということになるが、父方のおばに医療使節団としてアフリカに渡り、具合の悪い炭鉱夫たちの看護をしている者はいた。たまに帰国すると、おばはユップを膝に乗せ、患者たちがどれほど劣悪な生活環境に置かれているかを話してくれた。患者はみな、父が管理しているような炭鉱で働く労働者たちである。

訳注8　ヴィレム・エルスホット（一八八二～一九六〇）ベルギーの作家・詩人。邦訳作品『９９９０個のチーズ』。

ユップが一一歳になった年、オランダ政府が炭鉱業の廃止を宣言したため、父は新たな職探しを余儀なくされた。やがて父は、ヘールレンから北西へ一五〇マイル（約二四〇キロ）ほどの港町デンブリールにある、オキシランという化学工場に勤め先を見つけた。デンブリールの町は第二次大戦で爆撃され、一家が引越したときは、ちょうど再建ブームのさなかだった。

転校先の学校では、ユップはなまりをばかにされた。ある言葉をもう一度言ってみろと言われると、ユップは礼儀正しく「Wat blieft?《何ですか》」と聞き返した。しかし、何を言っているか聞き返すのにこんな丁寧な言い方をするというだけで、いじめっこたちは余計に面白がる。「何ですかあ、だってよ」と、彼らは意地悪く笑い転げた。田舎育ちの転校生の抑揚のあるしゃべり方や南部のなまりが、少年たちにはおかしくてたまらなかったのだ。ユップは「r」を発音するとき、北部の人のように舌を巻くことができなかった。また、彼は「g」を口で発し、やわらかく湿った音で発音したが、デンブリールの子どもたちは、喉を振動させて、するどい喉音《こうおん》の「g」を発する。

ユップはそこから抜け出したかった。ウラジーミル・ナボコフは、長くロンドンとベルリンで活動を続け、最終的にはアメリカに根を下ろしている。エルスホットは、アントワープを後にしてパリに移り住んだ。偉大な作家になりたいなら、オランダを出ていくしかない。ユップにとっての脱出手段は、学業で抜きんでることだった。

一九七一年の夏、ようやく解放の時が訪れた。彼は成績が優秀だったので交換留学プログラムへの参加が決まり、一年間、米フロリダ州タンパのロビンソン・ハイスクールに留学できることになったのだ。オランダの片田舎で育った青年は、アメリカのハイスクールに通い始めた。それはユップにとってはわくわくするような日々だったが、身を寄せ合って暮らしてきた家族は寂しがった。国際電話は高いので、両親と兄や姉は、長い手紙を書いてよこした。

コンバーチブルの車の運転席に座る子ども時代のユップ

ところが、クリスマスのころ、ユップが姉に電話をかけてきた。受け入れ先の父親が失業し、余分な口を養う余裕がなくなったらしい。「交換留学の事務局に電話をかけて、新しく受け入れてくれる家族を紹介してもらいなさい」と、姉は言った。そして、テンプルテラスに住むジャーナリズムの教授、ディーン・マクレンドンの家庭が、ユップを新たに受け入れてくれた。ユップはディーンの息子の部屋の二段ベッドで寝た。娘のトリシャの一三歳の誕生日には、ビートルズの『ホワイト・アルバム』をプレゼントした。

ユップはデンブリールですでに高校を卒業していたので、タンパのハイスクールはただ楽しめばよかった。学校の授業は彼には易しく、文学と理系の科目が得意だった。好奇心が強く、科学の実験は、対照群を設けて几帳面に記録をとるなど規則正しい手順に従うという点が性に合った。特に医学は、科学と人間の物語の融合であると感じ、興味をそそられた。ひょっとすると、自分は未来のアントン・チェーホフ、ミハイル・ブルガーコフ、そしてアーサー・コナン・ドイルかもしれない。文学と医学、二つの世界で輝いた奇才たちの仲間入りができるかもしれないと考えたのだ。

窮屈に感じるときや退屈なとき——そういうことは、しょっちゅうだった——いつも逃げ場を与えてくれたのが文学だった。ユップはロビンソン・ハイスクールのペンクラブに入り、ダンスパーティでは学園祭で女王に選ばれたドナ・セヴィルと踊った。

「インテリが仕事してる姿」。ハイスクールの卒業アルバムの自分の写真の下に、ユップはそうつづっている。写真には髪を肩近くまで伸ばしたユップが写っている。メッセージは、クラスメイトのデイヴィッド・ブッカーのアルバムに書き込まれていた。「我ながらカッコいい。いつか遊びに来てくれ。わが故郷、愛しいオランダできみを待っている」

ユップは、黒い髪を、ボブ・ディランばりのもさもさなシャギーヘアにしていた。彼が大好きなア

若き日のユップ

メリカのミュージシャン二人のうち、一人はボブ・ディラン。もう一人は、フランク・ザッパだ。特に、ザッパが社会運動とアートを組み合わせ、アメリカのカルチャーを皮肉る感じが気に入り、ザッパのレコードは、四〇枚以上買い集めていた。

一九七二年、デンブリールに帰ってきたユップの姿を見て、姉のリートは、「まるでオランダの〝プロヴォ〟の一員だわ」と思った。プロヴォとは、一九六〇年代にオランダで対抗文化運動を起こした若者の集団である。彼らは非暴力的な手段で体制に抵抗していたが、まさに弟も、階級社会や宗教を真っ向から否定する者であり、その信念は固かった。

ユップがアムステルダム大学医学部への進学を志した一九七〇年代、オランダの大学はエリート主義を脱却し、学生と教授が対等に扱われる民主的な運営組織へと変容をとげつつあった。ユップは、左翼の牙城であり共産党とのつながりもあるアムステルダム大学に、願書を出した。

アムステルダムは大改革の真っただ中だった。〝ヒップ〟な街、ドラッグに寛容な街としての評判が広がって世界じゅうのヒッピーの巡礼地になると同時に、街が物理的に崩壊し始めたのだ。アムステルダムは沼地を埋め立ててつくられているため、建造物の基礎が腐敗し、一九二〇年代から三〇年代にかけて短時間で建てられた安普請の住宅は壊れ始めていた。空き家を占有して共同で集団生活をする動きも起きていた。

一九七二年、一八歳のユップが移り住んだころのアムステルダムといえば、そんな状況だった。ユップは、医者という職で身を立てれば作家として生きていけるだろうという考えで、医学部に入学した。一年目は東アムステルダムで、年老いた二人の女性が所有する家に下宿したが、そこはあまり気に入らなかった。

二年目になり、骨格標本とナボコフの小説にますますどっぷりつかっていたが、実家からの衝撃的な知らせに、ユップは思わず我に返った。父が脳卒中を起こしたらしい。まだ四六歳だというのに。ユップは慌ててデンブリールの両親のもとに駆けつけた。母は、またしても若い夫を亡くすことになるのではと、ひどく取り乱していた。

父は脳内出血を起こしたものの、一命はとりとめた。だが、もはやかつての父ではなかった。以前ほどは強く意見を言わないし、頭が混乱し、しばらくは麻痺も残っていた。脳卒中は父から記憶と知力を奪い、父は気に入っていた仕事もあきらめざるをえなかった。結局、母の考えで、両親はリンブルフ州に帰っていった。

アムステルダムに戻ると、ユップは勉強にまい進した。父の容態が気になるし、母の気落ちも心配だ。しかし、同じころノルウェーでも、ある家族が病をめぐる不幸に苦しんでいるとは、知るよしもなかった。ユップが病院のリウマチ科や循環器科で研修のローテーションに明け暮れているあいだ、アルネの骨はもろくなり、体温もより一層高く跳ね上がるようになっていたのだ。

ユップが教授たちから、感染症科は専門分野としてはすたれる一方だから、その道に進むのはやめておけと忠告を受けているころ、アルネは娘を葬っていた。二歳の子のなきがらは、体じゅう原因不明の数々の感染症にむしばまれていた。

教授たちは、主な感染症はすべて抗生物質で治癒できるようになったし、微生物学の世界でも新たな発見はないと断言した。そして、循環器科を専門とするようユップに勧めた。

その後、ユップが医学部を卒業する二年前、彼が医者になる日を待つことなく、父は心臓発作を起こして急死した。五二歳だった。ユップは打ちひしがれ、心乱れた。彼に鋭いユーモアの感覚と雄弁さと無神論とを授けてくれた、優しく魅力あふれる父は、もういないのだ。

ユップは姉のもとで暮らすため、アムステルダムから電車でほど近いバールンに移った。そして姉リートの居心地のよい台所で出会ったのが、出版業に携わるトーマス・ラップという人物である。彼の子どもたちは姉の娘たちと同じ学校に通っていた。

その人が文学の世界の近くにいることに心を奪われたユップは、ブンスホーテンに住むトーマスの庭の片隅の物置小屋に転がり込んだ。ブンスホーテンはアムステルダムからは一時間以上離れていたし、木造の小屋はガタついて冷たい隙間風が吹き込む。それでも、文学の香りが家の隅々まで漂い、ほんものの「文学サロン」のようなトーマスの家に帰宅できると思うと、長い電車通学も厳しい夜の寒さもたいして苦痛にはならなかった。そこでは作家たちが集い、テーブルを囲んで赤ワインを手に散文について議論を交わした。弟が文学を愛するあまり、寒いのを我慢していると知っていたリートは、ある晩、車の後部座席に分厚い毛布を山のように積んでやってきた。「文学の穴倉」にこもる弟の寝床を少しでも温かくしてやろうという姉の心遣いだった。

トーマスとユップはしばしば時を忘れて、スラウエルホフやエルスホット、ナボコフやゴーゴリについて、熱く語りあった。話がとぎれるのは、庭に出て双眼鏡をやり取りしながら野鳥を観察し、静かな休憩をとるときだけだ。アマチュア鳥類学者でもあるトーマスを先生と慕い、ユップは好んで弟子役を務めた。

ユップが医学部を卒業した一九八一年の春、世界である奇妙な伝染病が広がっていることを、彼はまだ知らなかった。サンフランシスコやロサンゼルスで男性の同性愛者が次々に亡くなり始める前、まだだれも知らない、名前すらない新しいウイルスに苦しめられたノルウェーの家族がいたことも、むろん、知らなかった。アルネの症例は、ＨＩＶと確認された世界で最も初期の症例の一つとされている。アルネの娘は、世に知られている小児エイズの最初の症例の一つである。

人の歴史は、不思議なところでつながっているものだ。ノルウェーの船乗りとオランダの医学生が出会うことは、決してないのだが、ユップは今後、アルネの血管を駆けめぐるウイルスの研究に没頭し、生涯を捧げることになる。そして、エイズの治療法を探し求めて、アルネのたどった水路をさかのぼることになるのだ。

◆　◆　◆

「エイズウイルスの起源は、今日の科学にとってまったく重要性がない」。一九九二年にデイヴィッド・ヘイマン博士はこう述べている。当時、博士はジュネーブにある世界保健機関（ＷＨＯ）の世界エイズプログラムにおける研究主任を務めていた。これは、『ローリングストーン』誌に掲載されたトム・カーチス記者による一九九二年三月号の記事、「エイズの起源――それは天災だったか人災だったのか――その疑問にせまる衝撃の新説」で引用された発言である。

衝撃の新説とは、ＨＩＶが中央アフリカで実施されたポリオワクチン接種キャンペーンによって広がったとするものだった。ワクチンの一部がウイルスに汚染されていたと、この説の提唱者たちは言うのだ。そうだとすると、医学がみずからＨＩＶの世界的大流行を招いたことになる。

ここで問題となっている大規模な予防接種プログラムは、ポーランド系アメリカ人の研究者、ヒラリー・コプロフスキー博士によって実施された。コプロフスキーは、ジョナス・ソークおよびアルバート・セービンとは別に、独自のポリオワクチンを開発した人物である。このワクチンは、一九五〇年代の末に、ベルギー領コンゴ、ブルンジ、およびルワンダで試験的に投与され、推計によると、口をあーんと開けてこの経口ワクチンのシロップを飲み込んだ子どもの数は、七万人にもおよぶという。

汚染ワクチン説の支持者たちは、コプロフスキーのポリオワクチンが、サルのＨＩＶにあたるウイルスに感染したチンパンジーの腎臓を使ってつくられていたと主張した。これを受けて、ワクチンの製造にあたったウィスター研究所のコンゴ拠点は、独自に調査を行い、その結果を科学者たちは次のように報告した。「一九五七年に開始された大規模なポリオワクチンの接種試験がエイズの起源ではなかったことは、ほぼ確実だといえる」

コプロフスキー博士の弁護士は、『ローリングストーン』誌を名誉毀損で訴えた。そしてトム・カーチスの記事が掲載されてから一年後、編集者たちは「エイズの起源・最新情報」と題し、一九九三年一二月号の中で、次のように発表した。「弊誌の記事がコプロフスキー博士の名誉に対し何らかの損害を与えたのであれば、遺憾の意を表明し、本号をもって事実関係を修正いたします」。その内容は、エイズの蔓延の原因をつくったとして、コプロフスキー一人を名指しで非難するものではなくなっていた。

他方で、カーチスの説に賛同し、さらに調査を進めた者もいた。なかでも特によく知られているのが、イギリスのジャーナリスト、エドワード・フーパーである。彼は一九九九年に、ＨＩＶの起源にせまる大作、『The River（川）』（未邦訳）を出版した。フーパーの主張は激しい論争の対象となったが、彼が考えたのは、ウィスター研究所の独立委員会が調査したコプロフスキーのワクチンのサンプルは、アフリカの接種キャンペーンで使われたワクチンのサンプルとは異なるということだった。委員会はアメリカから送られたワクチンのサンプルしか調査していない、とフーパーは述べている。

二〇〇四年、みずからのウェブサイトにフーパーは次のように書き込んでいる。「本件に関連し、科学の文献において、異なる意見や情報を発表することがより難しくなっている。科学者（主要な科学者の多くを含む）の中には、きわめて安易にこの問題から目を背け、〔経口ポリオワクチン〕説はすでに論破されたものと決めつけている者も多い。さらに、今日その結論を定着させるために、相当強い力（法的、経済的、政治的）が発動されていることも、特筆すべき事態だと考える」

ＨＩＶ蔓延の原因に関するさまざまな異説は、脚光を浴び、増殖し、どんどん広がっていく――まさに、ウイルスのように。そうなるのも無理はない。医療の歴史上、子どもやお年寄り、有色人種や貧困層のコミュニティを対象に、倫理にもとる実験が行われてきたという血なまぐさい過去がある以上、人々が医者や政府を信頼できるはずがない。特定の地域の住民を故意に病気に感染させるという非道な行為が行われると思ったとしても、不思議ではないのだ。

アメリカ政府からは、いわゆる陰謀説を下支えするような材料がいくらでも出てくる。連邦政府の指示を受けた医者が、一九四六年から四八年にかけて、グアテマラの孤児や囚人を故意に淋病に感染させているし、アラバマ州のタスキーギという町で、四〇年間にわたり、アフリカ系の男性梅毒患者を治療せず意図的に放置した。また、一九六〇年代から七〇年代にかけて、ロサンゼルス郡、南カリフォルニア大学の病院で出産したメキシコ人の女性はみな無断で不妊手術を施された。これは、アメリカで戦前から続いている優生学プログラムの一環として行われたものであり、学者によればナチスドイツの断種政策の参考にもなったそうだ。このような処置はアメリカ各地で行われており、政府の資金で優生プログラムを実施していた州は三〇州を超え、それらの州では、何千人もの女性、通常は有色人種の女性が、子どもを生めない体にさせられたのである。一例をあげると、ノースカロライナ州の優生学委員会は、およそ七〇〇〇人もの女性や少女（幼い者では九歳の少女も含まれた）に対し、強制不妊手術を行い、そのほとんどはアフリカ系アメリカ人であった。また、ミシガン州のフリントという町では、二〇一一年から三年以上にわたり、貧困層の黒人の子どもたちが鉛で汚染された水道水を飲み続けていることを把握しつつも、政府はそれを傍観していた。

それだけではない。善意で実施された公衆衛生キャンペーンであっても、恐ろしい顛末を迎えた例もある。一九五五年四月、アメリカ西部や中西部に住む二五万人近い子どもたちが、前年に開発された不活化ポリオワクチンの接種を受けた。しかし、カリフォルニアのカッター社でつくられたワクチンの一部のバッチに、生きたポリオウイルスが混入していたのだ。ウイルスを不活化する過程で間違いが生じたことが原因だった。その結果、四万人の子どもがポリオに感染。二〇〇人に麻痺の症状が現れ、一〇人が死亡した。

ちなみに、カッター社事件と同じころ、別のポリオワクチンは、SV40というウイルスに汚染されていた。SV40とは、アカゲザルに特有のウイルスだが、このサルの腎臓の細胞がワクチンの製造過程で使われていたのである。一部の動物では、このウイルスに感染すると、骨腫瘍や中皮腫を発症する危険が高まるとされているが、人間の場合はそのような影響は報告されていない。

同じような事例はほかにも多数ある。一九〇一年には、ニュージャージー州で破傷風菌に汚染された天然痘ワクチンの接種を受けた子ども九人が死亡した。一九九八年には、ロタウイルスワクチンを接種すると、腸重積症（子どもの小腸が大腸の内側に入り込んでしまう病気）を引き起こす確率が三〇倍になるということがわかった。その一年後、製造元は市場からワクチンをすべて回収した。

このような痛ましい医療事故や非倫理的な研究などの影響は、いつまでも尾を引く。二〇一六年にアラバマ州マリオンで肺結核が流行したときも、感染者や感染のリスクが高いとされる者が、だれも医者にかかりたがらず、流行を抑えるのに難儀した。マリオンはあの悪名高い梅毒実験が行われたタスキーギから車で二時間ほどの町。タスキーギ梅毒実験では、梅毒に感染した黒人男性をあえて治療せず、妻や生まれることのない胎児へ菌をうつさせたうえで、男性たち自身の梅毒が徐々に進行し、脳障害を患って死んでいく過程を観察していたのである。

長きにわたって黒人が不当に扱われ、悪質な人体実験の犠牲となってきた歴史が災いし、新しい治療薬の試験を行う際に、幅広い人種を対象とすることが困難になっている。さまざまな人種が混在する国や地域においても、臨床試験の募集は、白人を中心になされている。その結果、得られる治験データから、実際にその治療薬を使うことになる有色人種の患者への効果を推定することが困難になっているのだ。

歴史を知ることは、感染の広がりやさまざまな症例を理解するという意味で大事だ。しかし、ヘイマン博士が一九九〇年代に述べていたように、ＨＩＶの起源について、いつまでも議論を続けるべきではないという立場をとる医者もいる。むしろ、病気と対峙するうえで日々浮上する難問と向き合い、それ以外のことに気を散らすべきでないと言う者もいる。目の前に病に苦しむ若い患者がいて、咳き込むたびに結核菌が混じった血痰を吐き出しているというときに、一五世紀のチンパンジーの話が何の役に立つというのか、と。

そうはいっても、病気の起源を知ることの意義は、次なる世界的流行がいつ起こるか予測するためだけではないはずだ。ＨＩＶのはじまりを理解することが、私たちをその終わりへと導いてくれるのではないだろうか。

ＨＩＶがその発端においてどのような姿をしていたのかを突きとめ、変異してさまざまな顔を持つようになった今日のウイルスと比較すれば、ウイルスのどの部分が変わらないままなのかを探し出すことができるかもしれない。それらの部分は、たとえ小さくても、ワクチンを開発する際に、最高の標的となるはずなのだ。

◆　◆　◆

ＨＩＶというウイルスが、私たちの遠い祖先が宿してきた古いウイルスである可能性もなくはない。ウイルスの中には、何百年や何千年も前に人類に感染したものもあり、それがあるとき猛威をふるった可能性も潜んでいる。研究者たちは、古いウイルスの遺物を一つひとつ分析することにより、過ぎし日の病気の流行の全体像を明らかにしようとする。

では、その「残り物」は、どのような場所にあるのだろう。それは、人の体内だ。私たちのＤＮＡは、人間のＤＮＡだけで成り立っているわけではない。ヒトのゲノムの一〇分の一近くには、皮膚細胞やまつげや健康な肝臓をつくるための指令ではなく、ウイルスをつくるための指令が書き込まれているのだ。

「ヒト」のＤＮＡの八％は、ウイルス由来の遺伝子でできている。科学者たちは、私たちの祖先が六〇万年も前に感染したかもしれないウイルスからヒトゲノムに入り込んだＤＮＡのかけらを、四〇個ほど発見している。

また、私たちのＸ染色体の先のほうには、ある古代ウイルスのＤＮＡが、ほぼ完全な形で組み込まれている。Ｘｑ21と名づけられたこの遺伝子のかけらは、二〇一五年にタフツ大学医学部の研究チームによって発見された。

これは、画期的な発見である。ヒトゲノムに取り込まれたウイルスの完全な遺伝情報は、それまで一度も明らかになっていなかったからだ。そのウイルスは、まるで復活のタイミングをうかがっているかのように、Ｘ染色体にしがみついている。はたしてＨＩＶも、このウイルスと同じくらい古く、同じくらい辛抱強いウイルスであるかどうかを確かめようと、科学者たちは、最先端の分子時計を使ってＨＩＶの年代を解析した。その結果、ＨＩＶが古代のウイルスではないということが判明した。それどころか、この研究を行ったアリゾナ大学の進化生物学者らの言葉を借りるなら、ＨＩＶは

「びっくりするほど若い」のだそうだ。

　それはさておき、科学的な発見には、糞便をあさる作業がつきものだ。HIVの起源をたどるため、科学者たちは、中央アフリカのうだるような森の中で地面にうずくまり、七〇〇〇個を超えるチンパンジーの糞を集めなければならなかった。糞の山をくまなく調べていくうちに、彼らはHIVによく似たウイルスの痕跡を見つけた。それが、サルに感染するHIVと同種のウイルス、サル免疫不全ウイルス（SIV）だったのだ。このウイルスは、SIVcpz（cpzはchimpanzee の略）と名づけられた。

　研究室に戻ると、科学者たちはこのウイルスの進化の過程を探るため、分子生物学による年代測定の技術を利用した。その基礎となったのは、一九六〇年代にライナス・ポーリングとエーミール・ツッカーカンドルが発表した、生物進化の過程で刻まれる時の長さを推測するための仮説であり、研究者たちが現代のウイルスの進化の年代を解析する手段として役立っている。

　さらに、生物学者の木村資生が二人の研究を先に進め、異なる生物においても、DNAの塩基配列とタンパク質のアミノ酸配列は、ほぼ一定の速度で進化することを発見した。ということは、DNAとタンパク質を分析すれば、ある生物が進化の過程でいつ別の生物から分岐したのかがわかることになる。

　人類史上最大級の猛威をふるったウイルス、HIVの物語は、一四九二年（二〇〇年前後の誤差はありうる）に、カメルーン中南部に生息する一匹のチェゴチンパンジー（*Pan troglodytes troglodytes*）から始まる。このふさふさした毛に覆われたおおもとのチンパンジー（「ゼロ」と呼ぶとしよう）は、熱帯雨林の中の、コンゴ川とサナガ川とウバンギ川にはさまれた地域で暮らしていた。ある日、ゼロは狩りに出かけた。

チンパンジーはサルではなく類人猿であり、小型のサルを捕食する。この日ゼロは、シロエリマンガベイとオオハナジログエノンという二匹のサルを食べた。実は、この〝前菜〟にも〝メイン〟にも、それぞれ異なるSIV株が潜んでいたのだが、ゼロは何も知らずにたいらげた。

人間の場合のHIVと同様、SIVは血液や性交を通じて広がり、かみつくことでも感染する。類人猿やサルに感染するSIV株は四〇種類以上あり、最も古いものは、およそ三万年も前から存在している。SIVへの感染率はサルの種によって異なり、高いものでは五〇％、低いものでは一％にすぎない。

エボラウイルスやニパウイルスは、コウモリから人間にうつりやすい。ウエストナイルウイルスも、ウマや鳥類だけでなく、人間にも感染する。しかしSIVのほとんどは、サルまたは類人猿の特定の種類でのみ感染する。たとえば、アフリカミドリザルに感染するSIV verがうつるのは、ヒヒの仲間だけである。すなわち、ヒヒがほかの種類の動物にウイルスをうつすことはありえない。

同じように、SIVgorはゴリラに、SIVsmmはスーティマンガベイに、SIVgsnは、オオハナジログエノン、そしてSIVrcmはシロエリマンガベイに感染する。

はからずも人間がその発生に貢献してしまったSIV株さえある。研究室で霊長類を飼育するとき、自然界では接触するはずがない種類のサルどうしをとなり合わせで飼ったりするからである。実験用のマカク属のサルはSIVmacというウイルスに感染するようになったが、それは科学者たちが、スーティマンガベイがSIVsmmに感染していることを知らずに、その血液をマカクに注射してしまった結果だ。

さて話を戻すと、カメルーンの森で食べ物を探していたゼロが、晩ご飯の獲物がウイルスに感染していると気づかなかったのは、おそらくサルの場合、多くの種はSIVに感染しても病気の症状は出ないからだろう。科学ではこれを「非病原性」というが、それは、サルとＳＩＶが何千年もかけて共進化してきた結果かもしれない。私たちも、うるさい隣人がいれば耳栓をし、ルームメイトがいつも洗い物をさぼるなら、流しの横に「洗って」と書き置きする知恵がつくが、同じように、サルとウイルスも長い時間をかけて共生するすべを学習したのだろう。生き物は、お互いに調整し合い、つきあっていく方法を学ぶのである。

一方、チンパンジーはというと、ＳＩＶｃｐｚに感染すれば病気になる。ウイルスが検出されたチンパンジーには、サルのエイズともいうべき症状が見られる場合があるのだ。これはもしかすると、ＳＩＶｃｐｚがほかのＳＩＶ株と比べて新しいため、チンパンジーはまだこのウイルスと共進化しておらず、害のないつきあい方がわかっていないからなのかもしれない。

メスのチンパンジーがＳＩＶｃｐｚに感染すると、子を出産する確率が低くなり、出産したとしても、生まれた子は幼いうちに死んでしまう確率が高い。また、このウイルスに感染したチンパンジー全体の死亡率は、感染していないチンパンジーの一〇倍から一六倍と高い。

振り返ってみると、一四九二年あたりにゼロが食べたごちそうのうち、オオハナジログエノンは、ＳＩＶｇｓｎに感染していた。シロエリマンガベイのほうは、ＳＩＶｒｃｍに感染していた。チンパンジーの体内で、この二種類のＳＩＶの遺伝子が組み合わさって変異し、ＳＩＶｃｐｚという新しいＳＩＶ株が誕生したのである。

この新しいウイルスは、チンパンジーという種を超えて、ヒトに感染する能力を得ていた。

しかし、その後およそ四〇〇年のあいだ、ＳＩＶｃｐｚの感染は、チンパンジーどうしに限られ、ほかの種に広がることはなかったようだ。それが一九〇八年ごろ（前後二〇年の誤差はありうる）になり、ＳＩＶｃｐｚに感染したチンパンジーが、カメルーン南東部でヒトに遭遇した。そのチンパンジーが、ヒトにかみついたのかもしれない。あるいは、ヒトがチンパンジーを狩りの獲物として捕まえたのかもしれない。

この遭遇を発見したのは、アリゾナ大学のマイケル・ウォロビー博士とその研究チームである。博士によると、チンパンジーとヒトの遭遇場所は、カメルーンを南北に隔てるサンガ川の南側、コンゴ民主共和国の国境付近に流れる支流、ンゴコ川の近くだったらしい。

傷を負ったかもしれないそのヒトの体内で、ＳＩＶｃｐｚはＨＩＶへと変異をとげた。そして、世界のすみずみまで広がり、七〇〇〇万人を超える感染者と、その半数におよぶ死者を出したのである。

もちろん、違う展開だってありえたのだ。ＨＩＶに感染した最初の人が、生涯独身を貫き一人で暮らしていたとしたら？　その人がほとんど移動せず、めったに人に会わず、ウイルスをだれにもうつすことなく死んだなら、ＨＩＶの物語はまったく別の話になっていただろう。どこか地球の奥地で起こり、いつしか消えた病の話に。でも実際は、そうはならなかった。

初の感染者が現れた一九〇〇年代のはじめから、一九五〇年代の終わりごろまでは、ＨＩＶに特に大きな動きはなかった。中央アフリカの人々が感染し、発病し、亡くなっていたのはほぼ確実であるし、子どもたちや愛する人にうつすこともあっただろう。しかし、感染者の数は少ない状態が続き、広範囲にわたって大流行が起きたわけではない。

それを変えてしまったのが、植民地主義である。ベルギー、イギリス、ドイツおよびフランスが、中央アフリカを支配下に置いたせいで、人間とウイルスに感染したサルとの距離が近づいたと主張する人類学者もいる。ただ、大流行そのものは、ある特定の事件が引き金となったのではなく、いくつかの要因が重なって起きた可能性のほうが高いだろう。

お腹をすかせた一匹のチンパンジー、速い速度で変異するウイルス、運の悪い一人の人間――そこに火をつけたのが、植民地主義とヨーロッパ諸国による西アフリカと中央アフリカにおける搾取だ。それにより、何世紀も続いていた習慣や、長らく変わることのなかった人々の移動パターンや行動パターンが乱され、一変させられたのである。

医学の世界では、医療ミスに関する会議が開かれる。患者の左の腎臓に病巣があるのに右の腎臓を摘出してしまったり、開腹手術の後、メスを患者のお腹の中に置き忘れたまま縫合してしまったりする場合があるからだ。

それゆえ、そのようなミスから患者を保護するために、医療機関では通常、フェイルセーフと呼ばれる安全対策がとられている。たとえば、特に強い薬が処方される場合は、研修医が注射を打つ前に上級医師のサインが必要になっていたり、手術に使われる脱脂綿の正確な数を、看護師が手術室のホワイトボードに書き記すことを義務づけ、手術後に患者の体内に残っていないことを確認できるようにしたりする。

それでも、フェイルセーフが機能しないこともある。その場合、医者や経営者たちは事故後ただちに会合を開き、事態を把握しようとする。いうならば、個々のミスは、真ん中に大きな穴が開いた一切れのスイスチーズのようなものである。それ一つだけでは、どうということはない。しかし、同じように穴の開いたチーズをもう一切れくっつけ、同様に何切れも合わせて並べていくうちに、大きなトンネル状の穴に貫かれたチーズの塊になる。小さなミスが次々に連なって大きな空洞ができ、決定的に重大なミスがその抜け穴を通り抜けてしまうのである。

ＨＩＶで起きたのは、まさにそういうことだった。殺人事件の謎を解こうとする探偵の目線で、ＨＩＶの起源を振り返ってみると、まず一四九二年のできごとが浮かぶ。そのとき、チンパンジー「ゼロ」がウイルスに感染したサルを二匹食べて、ＳＩＶcpzという新しいウイルスを醸造した。そして、そのウイルスはヒトに感染する危険性を秘めたウイルスに変わった。次に、一九〇八年に動きがあった。SIVcpzが初めてヒトに感染したのである。その後、しばらくは何も起こらない。一九五九年までは。

HIVの起源の話をしていくと、ここでまた、すべての道はコンゴに戻っていく。あるいは、線路はすべてコンゴに通じると言うべきかもしれない。一九五〇年代の末、ベルギー領コンゴで独立を求める気運が高まり、首都レオポルドヴィルで暴動が起きていたころ、ある人物がHIVに感染した。その者の名前はわかっていないが、彼または彼女の血液にこの新しいウイルスが大量に流れていたことは明らかである。現在も、ツーソンにあるアリゾナ大学の研究室に、その人物の血液サンプルが残っている。

このサンプルは、医学の文献ではZR59と呼ばれている。HIVの最も古いサンプルだ。そして、この血液サンプルと同じ棚には、一九六〇年にある女性から採取したリンパ節の一部が保管されている。DRC60と表示されたそのリンパ節の生体組織は、HIVの二番目に古いサンプルということになる。このサンプルの提供者も、当時のレオポルドヴィル、現在のコンゴ民主共和国の首都キンシャサにあたる町で暮らしていた。

おそらく、それらのサンプルが採取される数年前に、HIVはカメルーンで船に乗り、サンガ川を伝ってコンゴに上陸したのだろう。そのころは、コンゴの首都といえば、アフリカで最も人や物の行き来のさかんな町の一つだった。カメルーンで象牙や天然ゴムなどの豊かな資源の開発に乗り出したフランスやドイツの植民会社が、河川と鉄道を使って、カメルーンからレオポルドヴィルに品物を運んでいたのだ。

植民地支配は、さまざまな形でHIVの拡散に寄与した。一つには、アフリカの人々をSIVcp

ｚに感染したサルに近づけたといえる。ありがちな固定観念とは異なり、中央アフリカに住む人々がみな、食肉あるいは毛皮のために、サルや類人猿を狩猟の対象とするわけではない。類人猿の肉を食べることをはっきりと禁止している民族もあれば、チンパンジーよりもゴリラの肉を好む人々もいる。しかし、そのような古来の慣習は、植民地支配により一変した。

一八九五年から一九一〇年のあいだに、フランスやドイツの会社は、象牙や天然ゴムと引き換えに、何万丁もの猟銃をカメルーン人に売りつけた。一部の人類学者の説では、これにより、もともとあまり狩猟をしなかった集落においても、狩りをしたりブッシュミート（野生動物の肉）を食べたりすることが盛んになった。

また、一部の入植者たちは、現地の人々にゴムの樹液採取を強制した。そのためには何週間も帰宅せずに森の中で過ごさざるをえないが、森ではブッシュミートのほか食べるものはほとんどない。さらに、一九二〇年代から三〇年代にかけて、フランスとベルギーの入植者たちは、現地の人々を強制的に働かせ、まず鉄道を敷き、その後線路を改良した。その間、労働者たちの食事は、ブッシュミートでまかなわれた。

このように、食や狩猟の習慣が変化すると同時に、人口統計も変わっていった。サンガ川、コンゴ川、ウバンギ川に沿って、フランスやドイツの軍や貿易商が貿易拠点を設けたため、川沿いの小さな村にもたえまなく客がやって来て、土地の女性とセックスをするようになった。兵士、商人、労働者などが、ものすごい人数で立ち寄っては去り、性感染症への感染率は急上昇した。なかでも、じわじわと進行する病気の一つが梅毒だが、これにかかると手や生殖器に潰瘍ができ、その傷口からＨＩＶがいとも簡単に体内へ侵入してしまう。

強制労働、猟銃の販売、ブッシュミート、そして梅毒――天然ゴムと象牙の搾取のせいで、レオポルドヴィルはＨＩＶの温床となった。科学者たちはこの地域のことを、エイズを育んだ「ゆりかご」と表現することがあるが、むしろ大流行に弾みをつけた「踏み切り板」と言ったほうが近い。さまざまな要因が重なり、スイスチーズの穴がぴったり連なって、世界規模のＨＩＶ大流行を生む地となってしまったのである。

ＨＩＶはチンパンジーからヒトにうつり、何が起きているのか私たちがまったく気づかないうちに、七〇年かけて人から人へと感染を広げた。現在、疫学者たちが当時を振り返って推定すると、一九六〇年の時点で、中央アフリカではＨＩＶに感染した人が二〇〇〇人を超えていたらしい。分子生物学による年代測定によれば、ＨＩＶは、早くも一九三七年には、カメルーンからブラザヴィルに入ってきていたという。

カメルーンは一九六〇年一月一日にフランスから独立を勝ち取ったが、そのころＨＩＶへの感染者は三倍近くになっていた。一方で、中央アフリカは世界じゅうのフランス語圏から集まってくる訪問者や人材を歓迎した。たとえば、ハイチからコンゴ民主共和国に教師を何百人も派遣するプログラムが一九六〇年代初頭に実施されている。その教師たちがハイチに戻るとき、ＨＩＶを持ち帰ったのだ。

そして一九六〇年代半ばに、ＨＩＶはハイチからアメリカに渡った。この事実は、一九六九年に、ミズーリ州セントルイスでロバート・レイフォードという十代の若者が亡くなったことで明らかになった。当時はだれもわかっていなかったが、これがアメリカでＨＩＶが確認された初めての事例である。ＨＩＶは新しい大陸で足場を固め、世界規模の大流行を起爆させる寸前まできていたのだ。

◆　◆　◆

ところで、ＨＩＶにはいくつかのタイプがある。これまで、数字やハイフンはなしで、ただ「ＨＩＶ」と呼んできたものは、ＨＩＶタイプ1、またはＨＩＶ-1のことで、その中には、Ｍ、Ｎ、Ｏ、Ｐの四つのグループがある。類人猿からヒトへの最初の感染がそれぞれ異なることから、グループ分けされている。

グループＭは、「主要な」を意味する「major」の頭文字がつけられた。これこそが、私たちが恐れるＨＩＶ、すなわち、世界じゅうで広がり八〇〇〇万人に感染した型である。また、最初に発見されたのがこのグループだ。一九五九年にキンシャサの患者から見つかり、一九六〇年に女性のリンパ節の生体組織検査で検出されたウイルス——人間の組織から採取されたＨＩＶの最初のサンプルが、このグループＭに属する。

これに対し、グループＯは、「外れ値」を意味する「outlier」の頭文字をとっている。一九九〇年に発見され、グループＭと比べて感染者はきわめて少なく、世界の全ＨＩＶ感染者の一％にとどまる。このグループのＨＩＶ感染者のほとんどは、カメルーンまたはガボン、あるいはその近隣の何カ国かに住んでいる。

グループＮは一九九八年に発見され、グループＯよりもさらに希少である。グループＭは、カメルーン南東部の、サンガ川、ブンバ川、ンゴコ川に縁どられた密林地帯が発祥地であるのに対し、グループＮはおそらく、カメルーン中南部のジャーの森（Dja Forest）で発生している。また、遺伝子解析によると、このグループは、ＳＩＶｇｏｒに感染したゴリラからヒトにうつった可能性がある。ちなみにゴリラのＳＩＶにあたるＳＩＶｇｏｒは、ゴリラがＳＩＶｃｐｚに感染したチンパンジーと争ったときに生まれたのだろう。

これまでにＨＩＶグループＮへの感染と診断された人は、十数名しかいない。しかも、その人たちはすべてカメルーン在住だった。さらに、グループＰはグループＮ以上に珍しく、感染者はまだ一人だけ。見つかった場所は、やはりカメルーンだ。

大流行を起こしたＨＩＶ、すなわちＨＩＶタイプ１・グループＭは、さらに九つのサブタイプまたは系統（クレード）に分類されている。各サブタイプには、アルファベットのＡからＫがつけられ、それぞれアミノ酸と表面タンパク質に違いがある。アフリカ南部、インド、およびアフリカの角と呼ばれる地域[訳注9]で起きた感染の半数は、サブタイプＣに属する。一方、サブタイプＢは、全世界の感染者の一二％にしか該当しないものの、アメリカとヨーロッパの感染者がそのほとんどを占めるため、世界の注目と研究資金が最も多く注がれてきた。

以上に対し、ＨＩＶタイプ２（またはＨＩＶ-２）と呼ばれる、まったく違うタイプのＨＩＶが存在し、感染者はポルトガル語圏の各地域で見られる。ＨＩＶ-２の起源はＨＩＶ-１とは異なる。その前身であるＳＩＶがサルからヒトにうつった点は同じだが、もとになった動物はチンパンジーではない。全身灰色の毛に覆われ、まぶたの上だけが白いスーティマンガベイと呼ばれるサルだ。

ＨＩＶ-２は、一九八六年に、パスツール研究所のフランス人研究者フランソワ・クラヴェルと、ハーバード大学の獣医フィリス・カンキによって発見された。このＨＩＶタイプ２は、タイプ１とは遠縁にあたる。進化生物学者によると、タイプ２がＳＩＶｓｍｍに感染したスーティマンガベイからヒトにうつったのは、一九四〇年代ごろのことで、場所はカメルーンから二〇〇〇マイル（約三二〇〇キロ）北、西アフリカのギニアビサウという国だそうだ。

それならば、ポルトガル語圏というのも説明がつく。一五世紀半ばから一九七四年にいたるまで、ギニアビサウはポルトガル領だったからだ。ＨＩＶ-２はＨＩＶ-１と比べて感染力が弱く、出産時に母親から子どもに感染する確率も低いのだが、現在、インド南部、ジブラルタル、および西アフリカの一部の地域で見られる。すべてポルトガルからの入植者が移り住んだ地域だ。一九六一年から一九七四年まで続いたギニアビサウの独立戦争のあいだにＨＩＶ-２の感染者は急増し、本国への引揚者やポルトガル軍の兵士の体内に潜んで、ウイルスがポルトガルに運ばれたのである。

一九八〇年代初頭までは、一度ＨＩＶ-２に感染した人は免疫ができて、ＨＩＶ-１にも感染することはないだろうという憶測が、ウイルス学者のあいだで飛び交っていた。しかし、実はその逆であることが判明した。ＨＩＶ-２に感染すると、むしろＨＩＶ-１に対する抵抗力が弱まり、まれにではあるが、両方に感染してしまう可能性もあるのだ。ただ今や、二つのタイプへの同時感染が起こることは、ますます珍しくなっている。ＨＩＶ-１が西アフリカでの感染範囲をどんどん広げるにつれ、ＨＩＶ-２は徐々に減り、より強力で恐ろしいＨＩＶ-１がそれに取って代わっているからである。

◆　◆　◆

それにしても、ようやくその正体がわかってきたかと思うと、ＨＩＶは新たな変装で私たちの目をくらます。しょっちゅう変異するので、研究を重ねても攻撃の的がぶれてしまうのだ。

ウイルスは、その分子が再生するたびに突然変異し、その形や性質を微妙に変えてくる。顔を見破られて捕まることがないように、犯人が帽子をかぶったりサングラスをかけたりするのと似ている。もちろん人間も突然変異を経てきた。それが進化というものであり、そのおかげで私たちの背中は

訳注9　アフリカ大陸東端の半島。ソマリアとエチオピアの一部などを占める。

まっすぐ伸び、頭蓋骨は大きくなった。しかし、ＨＩＶはその一〇〇万倍の速さで進化している。その速度があまりにも速いため、一人の感染者の体内には、同じウイルスの異型が一〇〇種類あっても不思議ではない。それらはすべてＨＩＶなのに、同じ薬を投与しても、同じように効くとは限らない。それぐらい違うのだ。

このことは、ＨＩＶの治療や感染予防のためのワクチンを開発するうえで、問題となる。なぜなら、ワクチンが有効であるためには、標的は安定していなければならないからだ。おなじみのインフルエンザの予防接種も、毎年流行の季節がくるたびに、面倒でも新しく打ちなおすしかない。インフルエンザウイルスもシーズンごとに変異し、表面タンパク質がいろいろと変わるからだ。それゆえ、科学者たちは春ごとに「当てっこゲーム」をして、次の冬襲ってきそうなインフルエンザ株を三、四種、予測するのである。もし当たれば、彼らが開発したワクチンは効くだろう。もし外れれば、ワクチンを打っても無駄なだけだ。

「当てっこ」といっても、ちゃんとした科学的な根拠にもとづいている。北半球の科学者たちは、自分たちが夏のあいだに寒い季節を迎えている南半球の流行の動向を注視する。南で感染者を出しているインフルエンザの種類を見分ければ、どの種類が北上してくるか予測がつくのだ。

アメリカ国立衛生研究所をはじめとする各国の保健機関では、より長期間有効性があるインフルエンザワクチンの開発を目指しているが、そのためには、インフルエンザウイルスのどの部分が大きく変化しないかを突きとめる必要がある。

同じことは、ＨＩＶに関しても言える。初期のＨＩＶが――つまり、サンフランシスコやニューヨークのゲイの男性たちが謎の病気にかかり始める前に存在していたＨＩＶが――どのような形をしていたかを解明し、その初期のＨＩＶのうち、どの部分が現在のＨＩＶにも残っているかを突きとめれば、その部分、すなわち、古くから安定した形を保っている部分を、ワクチンの標的にできるはずだ。

ユップがまだ若い医者だった一九八〇年代や九〇年代は、ＨＩＶの起源の研究など暇な研究者の道楽だと思われたかもしれない。毎日ぐったりした患者を診察し、夜勤のたびにせっせと死亡通知に署名する臨床医にしてみたら、研究のために時間をぜいたくに費やしているようにしか見えなかっただろう。

しかし、人間の歴史の縄をたどり、ハンター、チンパンジー、船乗り、科学者といった登場人物が織りなす物語を一つずつ解きほぐしていくと、見えてくることがある。私たちはお互いにつながり合っている。病に侵されやすいが、打ち勝つ強さもある。蒸し蒸しとした密林で始まったＨＩＶの起源をたどることは、私たちがこのウイルスを克服する役に立つかもしれない。ことのはじまりを知ることが、人類を救うかもしれないのだ。

第三章　謎の感染症

これは、薄っぺらなシーツや透けるガウンの下から骨ばかりをするどく突き出した患者たちが、生ける死人のごとく病院をさまようときが来る前の話だ。ユップがその後の人生を注ぎ込むことになる難問を予告するかのように、一人の患者が現れた。

ノアが病院を訪れたのは、一九八一年一一月最後の日曜日だった。医者になって六カ月目のユップが勤めていたのは、アムステルダムの中心部にある、庭に囲まれた赤レンガ造りのヴィルヘルミナ病院だ。その日、配属先の救急外来では、静かな一日が過ぎていた。

四二歳のノアは、熱があり、顔色も悪かった。皮膚は冷や汗でぐっしょりぬれている。頬の内側には羽毛のような白いカビが筋状に分厚くこびりついている。そのうえ、下痢がひどい。血液混じりの下痢が容赦なく襲ってくる。ノアは胃痙攣を起こし、脇腹に痛みがあり、食べ物を飲み込むこともできなかった。

ノアは感染症病棟に入院した。九〇年の歴史を持つこの病院で、戦争中は兵舎として使われていた棟だ。担当の医者たちは、ノアの口の中で発生している酵母様の真菌、カンジダ・アルビカンスと、彼の腸内で出血を引き起こしている赤痢菌に頭を悩ませ、治療法を考えた。

まずは抗真菌薬をくり返し飲ませた。さらに、抗生物質を執拗に静脈投与した結果、ノアの口の中はピンク色に戻り、下痢はおさまった。それでもなお、医者たちは通常考えられない症状の組み合わせに当惑していた。そこで、治療記録には「この患者はさらなる経過観察を要する」と記入し、「貧血が見られるため、口内のカンジダが再発する場合は、免疫系の検査が有用」とも指摘した。ノアは、その年の一二月一一日に退院した。

もし彼の担当医らが、一二月一〇日付けの医学雑誌『ニューイングランド・ジャーナル・オブ・メディシン *The New England Journal of Medicine*』（以下、ＮＥＪＭ）に目を通していれば、ノアとそっくりの事例が一九件も載っていることに気づいただろう。

記事では、ロサンゼルスやニューヨークでゲイの男性たちが奇妙な感染症にかかり、次々に亡くなっていることが伝えられていた。そのような感染症は、通常、移植手術を受けた患者に見られるもので、高齢者にはめったに見られない。ノアの場合と同様、その男性たちは免疫系が完全に破壊され、十何種類もの病原菌――それも、通常若い人の病気の原因にはならない、どこにでもいる微生物――に苦しめられていたのだ。

ちょうどノアがヴィルヘルミナ病院から退院した週の『ＮＥＪＭ』は、オリジナルリサーチのセクションのすべてをこの奇妙な伝染病の報告にあてていた。ある記事では、ロサンゼルスの科学者の話として、肺にニューモシスチス・カリニ[訳注1]という菌、口内と直腸内にはカンジダ菌が増殖していた四人のゲイの男性が紹介されていた。また、ニューヨークの医者たちの報告では、一五人の男性患者の免

訳注1　現在ニューモシスチス・イロベチイ（*Pneumocystis jirovecii*）と呼ばれる真菌の当時の名称。この菌が引き起こす肺炎をかつては「カリニ肺炎」と呼んだが、現在は「ニューモシスチス肺炎」と呼ぶ。本書では以下、現在の名称を使用。

疫系が弱りはて、肛門の周りにヘルペス潰瘍がしつこく発生したが、その原因がわからないとのことだった。

そしてなんと、記事に紹介されていた一九人のうち、その医学雑誌が実際に発行された時点での生存者は七人だけだった。

大惨事となる最初のきざしが訪れたのは、同じ年の夏、ユップが医学部を卒業してまだ数週間しかたっていないときだった。ユップは、アメリカ疾病管理センター（US Centers for Disease Control[訳注2]、以下、CDC）が発行する広報誌、『死亡疾病週報 *Morbidity and Mortality Weekly Report*』（以下、MMWR）の六月五日付けの記事で、初期の症例についての報告を読んだのだ。

そこでは、ゲイの男性五名の話が、一人ずつ短い記事で紹介されていた。五人ともロサンゼルス在住で、それぞれが病院を受診した時点で、ニューモシスチス肺炎を発症していたとのことだった。

そのうち、いちばん若い男性は二九歳だった。彼が肺炎と診断されたのは、その年の二月、ちょうどユップが期末試験の準備をしていた時期だ。ところが、この男性は三月にはもう亡くなっていた。医学解剖の結果、彼の肺は灰色の泡状のカビや、白い嚢胞《のうほう》でびっしり覆われており、サイトメガロウイルスへの二次感染のため黒ずんだ個所もいくつか見られ、肺全体が分厚いゴム状組織の塊と化していることがわかった。

また、三〇歳の男性二名は生存していたものの、何カ月ものあいだ発熱に悩まされていた。ほかの患者たちと同様、この二人も口内と食道がカンジダ菌に覆われていた。五人は全員サイトメガロウイルスに感染しており、ウイルスは彼らの膀胱、肺、そして直腸に侵入していたらしい。

五人の中で最年長の男性は三六歳だった。この患者は、サイトメガロウイルスが眼球に侵入していたため、医者が彼の目をのぞき込むと、網膜が血液と死んだ組織で斑状になっていた——ちなみに医学の教科書などでは、その症状は「チーズとトマトのピザ」だとか「炒り卵のケチャップのせ」などと形容されている。

そして、本件五人目の男性は三三歳。肺に感染した真菌と全身を侵しているサイトメガロウイルスに対して治療薬を処方されたが、一九八一年の五月に死亡、とあった。

この五人の症例を特集した記事が発表されてから二週間後、ユップは『MMWR』による症例報告の第二弾を目にした。今度は、カリフォルニア州のゲイの男性約二四人に、ニューモシスチス肺炎と、珍しい皮膚の癌が見られたとのことだった。

この皮膚癌とはカポジ肉腫のことで、新しいものではない。一八七二年にモーリッツ・カポジというハンガリーの皮膚科医によって発見された病気で、通常は地中海沿岸地域の高齢の男性に見られる。ヒトヘルペスウイルス8が血管内皮細胞に侵入することにより、悪性腫瘍ができる。もろくなった血管から赤血球が漏れ出し、皮膚に紫色の斑が現れるのだ。

カポジ肉腫は、通常は、すねやふくらはぎに出始め、その後足の裏にも広がる。しかし、今回の例では、若い男性のこめかみや頬にもできている。そのうち何人かの患者では、癌がゆっくり進行し、肉腫ができる場所も皮膚や歯茎などに限られていた。しかし、なかには劇症疾患となって癌が体内で転移し、脳や骨にまで病床が広がっている患者もいる。なお、当時のアメリカの医者のほとんどは、カポジ肉腫を見たことがなかった。

地中海沿岸地域の高齢者にカポジ肉腫ができた場合、癌はゆっくり進行し、患者はカポジ肉腫を罹

訳注2　米保健福祉省管轄の保健衛生機関。感染症対策などを行う。一九九二年より名称にPrevention（予防）が加わり、「アメリカ疾病予防管理センター」となる。

患したまま死亡する——罹患が原因で死ぬのではない。しかし、記事を読み進めると、アメリカで報告されている症例では、ほとんどの患者が、鏡で初めてカポジ肉腫の斑に気づいてから数カ月以内に死亡していることがわかった。

ユップがこの記事を読んだ翌日、医学雑誌で話題になっていた話が新聞の一面を騒がせていた。「同性愛者四一人が珍しい癌を発症」の見出しで、『ニューヨーク・タイムズ』紙に記事が出ていたのだ。その中で、今後同じような症例がカナダやアメリカのほか、ヨーロッパの都市でも出現するはずだという医者の意見が引用されていた。

この男性たちは、癌や肺炎のほか、ジアルジアやアメーバなどの寄生性の原虫による感染症、またはB型肝炎などのウイルス感染の診断も受けていた。彼らも、免疫系の機能障害を起こしているため、どこにでもいる病原体に侵され、通常なら良性であるはずの感染症で命を落としていた。リンパ球のT細胞やB細胞は奇妙なまでに姿を消しており、医者たちはその理由をわかりかねていた。

『ニューヨーク・タイムズ』紙に載った記事の一つでは、LSDや亜硝酸アミル（性的興奮を高めるために一部のゲイの男性のあいだで使用されているドラッグ）との関連が話題となっていた。男性たちが免疫不全を起こし、ありとあらゆる病気に対して抵抗力がなくなったのは、もしかすると、汚染された〝ポッパー〟（薬瓶入りの亜硝酸アミルの俗称）を使用したことが原因ではないかというのだ。

取材に応じたある医者は、ゲイの男性には何の危険もないし、伝染病である兆候も見られないと述べ、「伝染性を否定するいちばんの証拠は、現段階において、同性愛者のコミュニティ以外や女性には、このような症例がまったく報告されていないということだ」と言っている。

しかし、これにはCDCは懐疑的だった。そこでCDCは、感染症情報サービス（Epidemic Intelligence Service、以下、EIS）の調査官をサンフランシスコに派遣した。通称〝病気の探偵〟

と呼ばれる調査官たちは、ダウンタウンのホテルを拠点とし、バスハウス[訳注3]に足を運び、セックス・クラブをくまなくまわった。そして、ゲイの男性への聞き取り調査を始め、どのようにして病気が広がったのか、仮説を立てようとした。

この病気は、はしかのように空気感染するのだろうか。それとも結膜炎のように物品を介して接触感染するのだろうか。人から人にうつるのか、それとも病気になった人はみな同じ毒素と接触しているのか。さらに、初期の段階では、この新しい流行病と、血液や性交を介して広がるB型肝炎との比較がなされ、調査官たちの中には、この病気がウイルス性の性感染症だとの確信にいたる者もいた。

一方、病気になった人の多くが、サイトメガロウイルスに感染していた。このウイルスに感染すると一時的に免疫機能が落ちることがあるため、病気の原因はサイトメガロウイルスの可能性があると考えたマイケル・ゴットリーブ博士の仮説が、医学ジャーナルの記事で紹介されていた。しかし、ゲイの男性一〇人中九人はサイトメガロウイルスへの感染履歴があるとする研究結果もあり、このウイルスが感染原因なら、病気になる人の数はもっと多いはずだ、というのが編集者の意見だった。

「アフリカの若者、アメリカの高齢者、直腸移植を受けた患者、そして同性愛の男性。これらの者の共通項は、いったい何か?」編集者たちは頭をひねった。記事では、答えよりも疑問のほうが多く紹介されていた。確かなのは、この名前のない病理現象は、アメリカ大陸の沿岸部に限られた話ではないということだ。アメリカ内陸部に、そして世界各地に向かって、扇状に広がりつつあったのだ。

海を隔てた地でユップがそれらの症例の記事を読んでいるころには、すでに、何千人もがこの病気

訳注3　サウナなどの施設を備えたゲイ専用の発展場。

に感染していた。ただ、本人たちも医者も、まだそのことに気づいていなかった。

◆　◆　◆

さて、ノアがヴィルヘルミナ病院を退院した四日後、自転車で一〇分ほど行ったアムステルダム東部にある聖母病院の救急外来に、一人の若者がやってきた。

その火曜の夜の当直に当たっていたペーター・ライスは、膝まである長い白衣の裾をパタパタさせながら、急ぎ足でベッドからベッドへ立ちまわっていた。ペーターとユップは医学部で出会い、お互いが一日違いで生まれていることを知った。ユップのほうがペーターよりも一日だけ年上だったので、ユップは何かにつけてそのことを持ち出し、切り札にしていた。

ペーターは、その新しい患者のカルテを手に取り問診票を見ながら、短く整えた茶色のあごひげをなでた。そして、前の週の木曜日に『ＮＥＪＭ』を読んだときのように、鮮やかな青い目をすばやく動かして、記載内容を把握した。

診察室に向かい、カーテンを開ける。待っていたのは、ダニエルという一九歳の若者だ。髪はねずみ色がかった金髪、体はやせていて、診察台の端に浅く腰かけていた。顔色が悪く、目の下には半月形のどす黒いくまができている。じっとりと汗をかき、苦しそうな空咳をしていた。

この青年は、ようやく思春期を迎えたようにしか見えないな、とペーターは思い、カルテで彼の生年月日を確認した。一九六二年二月とあった。ペーターが慣れた手つきで青い手袋をはめる様子を、ダニエルはじっと見つめていた。患者を安心させるような優しい笑顔と落ち着いた物腰の医師だった。

「気分が悪くなり始めたのは、いつごろですか?」ペーターは穏やかに尋ねた。「一一月から、」とダニエルは答えた。最初は、胸と腕にちくちく痛む紅い発疹ができ、それから、尻に赤くてかゆいかさぶたができた。その後まもなく下痢が始まり、数時間おきにトイレに駆け込んでいる。熱もあり、少しずつ高くなっていた。

「首を触ってもいいかな」とペーターが聞くと、ダニエルはうなずいた。下顎角《かがくかく》の下を指で押さえると、ぐりぐりとしたリンパ節があめ玉大にふくれていた。口の中をのぞくと、白いカンジダ菌が舌と扁桃腺を覆っている。ペーターが身を引くと、ダニエルは咳き込み、息をついた。同時に、ペーターも思わず深いため息をついていた。

十代の青年、リンパ節の腫れ、口腔カンジダ症、そして肛門ヘルペス。木曜日に読んだ医学雑誌の記事にそっくりだ。出ていた症例がペーターの頭をよぎる。ゲイの若者、ドラッグの使用歴、アメリカの都市……。

「きみはセックスをしている？」ペーターはそっと聞いた。

ダニエルは顔を背け、「はい」とささやくような声で言った。「一〇週間前に、初めて男の人としました。ぼくよりずっと年上の人、たぶん四二歳です。その人は今すごく具合が悪いと聞きました」

◆　◆　◆

一九八一年の夏、アムステルダムのゲイ・バーが集中する地区は、陽気なディスコ音楽と笑い声にあふれていた。火曜の夜になると、我こそはという美青年たちが、香水をふった柔肌にぴたっとフィットするダークブルーのヴァレンティノ・ジーンズをはいて、レフリールスドヴァルス通りの「アプリル」というバーに集まってくる。彼らは体をくっつけ合い、目を閉じて、ネオンライトの下で身をくねらせた。

情欲に興じたい者たちは、数軒先のバー「バイキング」の階段を降りていく。名前もわからない者どうし、真っ暗な部屋で交じり合い、拳や舌で互いを探求し合う。

さらに一〇分ほど歩くとバー「アルゴス」では、レザー野郎が集まってビールをあおる。天井から太い鎖がどっしりとぶら下がり、近所の肉屋から贈られた雄牛の頭が壁から店を見下ろしている。また、道の向かい側のバー「イーグル」では、国の最も外れの島から来た男たちが、ハーネスにチャップスという姿で、南部からの若者たちと戯れた。

アムステルダムはゲイの聖域だった。地方からやってきた恋人たちは手をつないで歩き、道で抱き合ったり、気兼ねなくほっぺにキスしたり、地元ではとうてい考えられないことができるのだ。ここではゲイ人口が多いため安心感があった――中傷されることなく笑顔で迎えてもらえるこの街には、自由があった。

旅行でアメリカを訪れた者たちは、アムステルダムはサンフランシスコによく似ていると言う。変態バーやバスハウスなど、ゲイの男たちがたむろして、無差別なセックスを楽しめる場所が多数あるからだ。

そしてどちらの街でも、愛と自由が新しい病の餌食になっていた。HIVがチンパンジーからヒトにうつるきっかけをつくったのが植民地主義だったとすれば、その病が人から人へ感染を広げていくきっかけをつくったのは、同性愛者への偏見や嫌悪にほかならない。ウイルスは、仲間やよりどころを求める人々の思いを食い物にしながら、カストロ通りやレフリールスドヴァルス通りの寝室やバスハウスを次々に襲っていったのである。

サンフランシスコには二〇以上のバスハウスが点在していた。その一つ、オーク通りとスタイナー通りの角にある「フェアオークス・ホテル」は、共同住宅だった建物を改造した施設だった。セラピーやグループ・セックスが提供され、ヨガのクラスもあった。フロントには木の額縁に入った案内があり、ポッパーやTシャツを五ドルで販売していた。

ＣＤＣの調査官たちは、サンプルや証言を集めるため、あちこちの隠れ家的な施設に押しかけた。感染経路不明の名もない病気を調べるという大義があれば、他人のプライベートな行動に立ち入ることも許されたのだ。〝探偵〟たちは、答えらしきものはいっさい示さず、ただひたすらに質問を浴びせた。何人の男とセックスをしたか、どんなセックスをしたか、愛人の名前をすべて書き出せるか、などと。

男性たちは、記憶をたどって証言し、検査でどんな病気が見つかるのかを恐れつつも、唾液のサンプルを提供した。調査官たちは、ほかの病気が発生したときと同じように調査を進めていた。論理的に推理し、いつもの手順を踏んで答えを導こうとしていた。ただ今回は、世界じゅうが注目し、答えが出るのを待っていた。

私たちはこれまでに地球上から多くの病気を排除しているし、克服できていない病気の数もかなり少なくなってきているため、人類が微生物の世界を制圧したかのような錯覚に陥りがちだ。しかし、私たちが実際に撲滅した感染症はたった一つ、天然痘だけなのだ。

天然痘ウイルスを世界から追放するうえで、立役者となったのは、ビル（ウイリアム）・フェーギ博士である。博士は一九七〇年代に天然痘撲滅に向けて献身的な努力を重ねた偉大な人物であり、一九七七年にカーター大統領によってＣＤＣの長官に任命された。

しかし任務に就いてから数年後、彼がその科学的眼識を発揮するには、愚かしい政治の潮流に立ち向かわなければならなくなる。カーターは選挙で敗れ、次期大統領に就任したロナルド・レーガンは、

「モラル・マジョリティ」という政治団体の支持を受けていた。この団体の代表、ジェリー・ファルウェル牧師は、「エイズは、同性愛者に対する神の怒りだ」と公言した。また、レーガン大統領の広報部長、パット・ブキャナンは、エイズは「ゲイに対する自然界の復讐だ」と言い放った。

レーガン自身はずっと口を閉ざしていた。彼が公の場で初めて「エイズ」という言葉を口にしたのは、大統領としての任期が終わりに近づいた一九八七年五月のことだ。そのころには、全世界のHIV感染者数は五万人に達し、二万人を超えるアメリカ人がエイズで亡くなっていた。

事態をさらに悪化させたのが、レーガン政権による公衆衛生予算の削減だ。人類史上類のない感染症の大流行が起き始めているというときに、CDCは支出を切り詰めなければならなかったのだ。

CDC内部にさえ、部下に対し、政治的忖度に基づく忠言をする者もいた。たとえば、感染症センター代表補佐のジョン・ベネット博士は、「体裁を保って、最小限のことだけすればよい」と言った。これは、世界初のエボラ出血熱流行が起きたザイールで調査を行い帰国した、ドン・フランシス博士という若くて積極的な疫学者に対して、ベネットが述べた意見である。

それに比べ、ビル・フェーギはより強い意志の持ち主だった。彼は、疫学の専門家であると同時に政治にも明るいことを武器にして、ジェームズ・カラン博士を筆頭とする調査チームを結成した。ジェームズは、CDC性感染症対策部の研究部門の長を務めていたが、彼に新しい役割を与えることで、ビルはCDCの組織を巧みに操り、大事な調査を行うのに必要な権限をジェームズに確保させたのだ。その調査は彼らにとって生涯最も重要な仕事となる。

ジェームズは、EISの調査官とCDCの職員合わせて三〇人を集めて、特別調査団を編成した。そこに、ロサンゼルス郡の調査官、ウェイン・シャンデラ博士も加わり、「カポジ肉腫および日和見感染に関する特別調査団」として調査を開始した。

どんな感染症集団発生の調査でも、いちばん最初に行うことは、症例定義の設定であり、これはエイズのような恐ろしい感染症でも同じだ。症例定義とは、調査官以外の医者たちも症例を発見できるように、病気の基準となる要素をいくつか選んで短いリストにしたものである。調査官たちは、アトランタの拠点でテーブルを囲み、この新しい病理現象がもたらす主な症状を書き出していった。

その結果、症例定義には、次の要素が条件として設定された。カポジ肉腫を発症した者、またはニューモシスチス肺炎など実証済みの日和見感染症を起こしている者であること。年齢六〇歳未満で、すでに癌などの病気にかかっておらず、免疫系を抑制するような薬を服用していないこと。

この症例定義は、全国の医者に通知された。そして一九八一年の末、つまりノアやダニエルがアムステルダムの病院に駆け込んだころまでに、CDCは、この条件にあてはまるアメリカ人男性一五八人および女性一人を把握していた。そのうち、半数はカポジ肉腫を、四〇％はニューモシスチス肺炎を発症しており、一〇人に一人はその両方を患っていた。過去にさかのぼれば、最も早い症例は、一九七八年に発病した男性だったことがわかった。

調査団は、症例間の関連性を突きとめるため、黒板に患者たちの名前を書き出し、セックスした者どうしを白線で結んでいった。すると、性交関係の巨大なネットワークがクモの巣状に広がっていることが明らかになった。たとえば、カリフォルニア南部で発病した一九名の男性のうち一三名は、同じ男性とセックスしていたことがわかったのだ。

そこで、調査団のデイヴィッド・アウアバックとウィリアム・ダロウは、さらに一二の都市にも範囲を広げて、条件を満たすゲイの男性九〇人についても調べた。すると、そのうちの四〇人が、やはり同じ男性とセックスしていたことが判明し、その男性自身も発病していることがわかった。

それでもなお、この病理現象が性交渉によって感染するという考え方に激しく抵抗する者がいた。

もしこの病気がセックスでうつるなら、もっと前に発生していたはずではないか、というのだ。そうこうしているうちに、一九八二年の夏に赤ん坊や血友病患者のニューモシスチス肺炎が報告された。感染者の共通項は、輸血だ。これにより、新しい感染経路が明らかになった。B型肝炎と同様、この病気もセックスと血液を介して感染することがわかったのである。

CDCは、この新しい病気にかかる危険性が最も高いのは、次の四つのグループに属する者、すなわち、血友病患者（hemophiliacs）、同性愛者（homosexuals）、ヘロイン使用者（heroin users）、そしてハイチ人（Haitians）だ、と発表した。いずれも頭文字がHであることから、この病気には4Hという新しい呼び名がついてしまった。この発表を受け、四つのグループに該当する人々、特にゲイの男性とハイチ人は、社会の激しい怒りにさらされ、暴言を浴びた。病気というだけで、家は焼かれ、子どもたちは学校から追い出され、家族で町を出ていくしかなかった。その間も、政治家たちは示し合わせたかのように口をつぐんだままだった。

一つの病気に、公衆衛生、政治、臨床医療、そして社会不安がからんでいる。それは、これまでに経験がない状況だった。しかもこの謎の病は、想像以上に速い速度で感染を広げている。人類はそのようなものを、未だかつて見たことがなかった。

◆　◆　◆

ペーター・ライスがまだ医者になりたてのころ、一見いつもと変わらない夜間勤務にあたっているとき、オランダで初めてＨＩＶの急性感染症を発症したとされる患者を診察した。救急外来を訪れた一九歳のダニエルは、最近ＨＩＶに感染したものと思われた。しかし、汗で湿った皮膚や喉の腫れは、ウイルスが体内で猛烈な速さで増殖していることを物語っていた。

ペーターが抱いた疑念は、正しかった――確かにダニエルは、サンフランシスコやロサンゼルスで病気になり医学誌に掲載された男性たちと並ぶ患者だった――しかし、ペーターの疫学的な直感を実証するには、さらに一年の月日を要することになる。

一方、その四日前に、近くのヴィルヘルミナ病院では、ユップが院内を立ちまわっているあいだに、オランダ初のエイズ患者とされるノアが退院した。本人も担当医たちも、その体内でどのような感染が起きているか気づかぬままだった。

このように、医者としての道を歩み始めたばかりの二人は、偶然にもそれぞれ「前ぶれ」のような患者と出くわしていたが、自分たちが恐ろしい病気の世界的大流行勃発の危機に居合わせていることに気がついていなかった。それはまるで、医学雑誌の症例が、誌面を抜け出し、ふらふらと診察室に入ってきたかのようだった。

そのうち、次々に押し寄せる男性患者で病棟がいっぱいになるにつれ、臨床医としての興味は恐怖に変わっていった。患者のなかにはユップたちと同じ年ごろのものもいれば年下の者さえいた。頬はこけ、落ちくぼんだ目をこわごわ見開き、こめかみや手には、この謎の病を宣告する紅斑が点々と出ていた。

患者が無抵抗であるのに乗じてその肉体を食い荒らす無数の感染症を治療していくほかは、患者たちを救うために医者にできることは何もなかった。それは、日和見感染を起こすおびただしい数の病原菌を相手にモグラたたきをするようなものだった。ニューモシスチスとカンジダに対しては、抗生物質と抗菌剤を使った。また、脳に嚢胞ができ発作を起こして倒れてしまう患者に対しては、抗寄生虫薬を投与した。

しかし、ヘルペス、サイトメガロウイルス、およびカポジ肉腫については、モルヒネ以外に対処法はほとんどなかった。その後カポジ肉腫の患者には、放射線治療を行いながら、病巣の一つひとつに薬を注射するという治療法が一般的となった。

四〇キロ、三〇キロと体重が落ちていき、骸骨のようにやせ細った男たちは、体をこわばらせ、ただ無表情に座っている。そんな彼らの骨に少しでも肉をつけてやろうと、医師たちは躍起になっていた。また一部の患者は六、七週間のうちに認知症になった。ほかの者たちはその様子を見て怖れおのき、自分もいずれあのようになるのか、自分の名前さえわからなくなってしまうのか、と尋ねるのだった。

さらに、下痢が彼らを襲う――容赦なく続く血液混じりの下痢を垂れ流すしかない恥辱。看護師が処理しに来てくれるまで、患者たちは糞便にまみれて待つしかないのだ。悪臭のする汚物でぐしょぬれになった皮膚はただれて、その傷口がまた菌の侵入を許す。ユップの病室の隅のベッドにいた若者は、亡くなるまで丸一年間下痢に苦しんでいた。

この事態を受け、ユップは一〇年上の内科医、スヴェン・ダナーの指示を仰いだ。スヴェンは背が高く、まじめな性格で、嬉々として後輩を指導したが、患者を診察して病気の原因を探るという探偵のような作業も好きだった。ユップと似て、スヴェンも意欲的で好奇心が強く、使命感に燃えた医師だった。

この新しい病による症状が、患者の皮膚、脳、肺、および腹部に現れることを見てとると、スヴェンは病院内の最も優秀な皮膚科医、神経科医、呼吸器科医、そして消化器系が専門の内科医を呼び集め、対策チームをつくった。これで、病気がどの器官を襲っても、最善をつくしてその器官系を守りながら、病気と闘うことができる。

ユップはスヴェンを質問攻めにし、スヴェンはそれに答えるため、医療の文献に当たった。二人はこの新しい病に憤りを感じると同時に、それを新たな挑戦ととらえ、やりがいを見出した。実はスヴェンはかつて腫瘍学には近づかないようにしていた。腫瘍患者は苦しみが著しく、その緩和治療は気が滅入るからだ。それが今や、患者たちにひたすらモルヒネや効き目のない抗生物質を与えるのが日課となっていた。

ときに、あまりにも奇妙な症状に目を見張ることもあった。患者たちの下痢の量がおびただしいことに当惑し、その原因もさっぱりわからないので、二人は座り込んで教科書を調べ、いくつもサンプルをとってはせっせと細菌検査に出した。

一部の患者では、腸から赤痢菌が見つかった。しかし、ほかの患者の腸には、ありとあらゆる病原菌が寄生しているのが見られ、その一つが戦争イソスポーラ（*Isospora belli*）と呼ばれる原虫だった。スヴェンは頭をかきむしった。微生物研究室からこんな検査結果の報告を受けたことは、それまで一度もなかったからだ。イソスポーラの治療について文献を調べた結果、答えが載っていたのは、なんと獣医学の雑誌だった。

「では抗生物質をどのくらい投与すればいいのでしょう？」混乱しつつ、ユップは質問した。

「ここに出ているのは、ウシに投与する場合の分量だからな」。スヴェンは獣医学の記事を指さし、眉をしかめた。そしてペンをとると、こう言った。「これをもとに人間の場合の用量を計算しよう」

二人は、従来の薬に新薬も取り混ぜて試し、臨床医が併せ持つ洞察力と機敏さを最大限に活用しようとした。それでも、無力感にさいなまれるときがあった。

薬理学の教科書を何年もかけて熟読していても、やがて処方箋は書きつくし、手の施しようもなく、頭を垂れてお悔やみを言うしかなくなる。ユップは、何とか患者を慰めようと、一生懸命励ましと同情の言葉をかけ続けた。

医師たちは医学の基本に立ち返ることを余儀なくされた。それまでの診断法はいっさい頼りにならなかった——どんなに検査を重ねても謎は一向に解けないのだ。科学の裏をかいてくるこの病理現象に、科学のほうが必死に追いつこうとしているなか、医師たちは、託された患者の症状を観察し不安に満ちた声に耳を傾けるという古典的手法に戻るしかなかった。ベッド際で患者に何を聞かれても、ユップは「さあ、わかりません」とか、「やれることはすべてやっています」を連発するしかなく、それが悔しく、つらかった。彼自身、疑問だらけだった。

そもそも、自分はなぜいつのまに緩和ケアのエキスパートになってしまったのだろう？　望んでもいないのに、知らないうちにさまざまな技術が身についている。モルヒネの分量を微妙に調節したり、肉が落ちて腰骨が突き出ている患者の腰が楽なように枕を当ててあげたり、下痢がぴたりと止まる薬を処方できたり——少しでも痛みをやわらげ、死にゆく人の尊厳を守るために、手をつくすことができるようになっていたのだ。

また、自分たちの手で病床にあえて死を招き入れることもあった。その依頼は、疲れ果て、やせ衰え、恐怖に震える患者たち自身の口から発せられた。「どうかこの苦しみを終わらせてくれませんか」とか「もう楽にしてください」と。そういうとき、医者たちは患者を思う恋人や家族を病院の片隅にそっと呼び、倫理的に白黒つかないことをふまえつつ、死への具体的な段取りを相談するのだった。

患者の多くは最期にお別れ会を望んだ。友人らとアルバムをめくり、元気だったころ、痛みにさいなまれることのなかった日々を懐かしむ。病室のベッドを友人たちが囲み、シャンパンを開ける。そして、みんなで歌を歌い、静かに別れを言い合っているすきに、医師の一人が、生理食塩水の入った瓶を点滴スタンドにぶら下げ、それを致死量のペントバルビタールにゆっくりすり替えるのだ。

一九八〇年代のオランダでは、医師による自殺の介助はすでに行われていた。ほかにも行っている国はあったが、倫理上のあいまいさが排除できない問題でも表に出して議論するのがオランダの伝統であり、安楽死についてもすでに裁判で争われていた。したがって、この一筋縄ではいかない領域においても、医師たちが判断基準にするためのガイドラインができていた。それによると、医師は、少なくとも四回の別々の機会に患者の意思を確認すること、患者に意思決定能力があるか確認すること、患者がかかりつけの医者と面会すること、患者の近親者に話をすることが求められ、患者の依頼に応じるのは、患者の苦痛を医療で緩和することが不可能な場合に限る、とされている。

医者はみなそのガイドラインを知っていた。医学部で習うからだ。しかし、まさか医師としてのキャリアが始まってすぐに、このような終末期の重苦しい判断に直面しようとは、だれも思っていなかった。

なかには「お別れ会」を十数回も実施した医師もいた。最期のときに患者の体が硬直するのを避け、ただ静かなため息とともに、弱った筋肉から力が抜けて永遠の眠りにつけるように、ペントバルビタールに臭化パンクロニウムを混ぜることもあった。学んできた薬理学の本来の使われ方とは違うが、せめてもの貢献だと医者たちは思っていたのだ。

◆　◆　◆

ある朝のことだった。ユップが症例検討会で発表をしていると、背後のスライド映写機から一編の詩がスクリーンに映し出された。「おや？　どこからまぎれ込んだのでしょう」と、ユップはわざとらしい笑みを浮かべながら言った。

会場には一〇〇人もの医学部教授や研修医や医学生がいる。みなごそごそと体を動かしたり聴診器をいじったりしながら、美しい韻文に目をこらし、白血球や熱にどう関係があるのか探ろうとした。するとと会場のいちばん後ろの列にいたハンス・サウアヴェイン医長が、白衣から折りたたんだ紙きれをとり出すと、それをとなりに座っている内科研修医のポケットにこっそり落とした。段取りは綿密に練られていた。症例検討会のプレゼンテーションで、血液検査の結果表の代わりに情感あふれる詩が映し出され、ユップが資料を間違えたふりをした瞬間に、医長がその贈物――詩の全文をコピーしたプリント――を彼女に届けるということだった。

症例検討会には医学界のお偉い面々や点数稼ぎに熱心な医学生が大勢出席していたが、ユップはそれどころではなく、もっと大事な仕事があった。最新の恋の獲物を落とそうとしていたのだ。

ユップは医長のなかでも比較的のんびりしたハンスに頼み、詩のコピーをお目当ての女性のポケットに入れてもらった。そうすれば、彼女は後になって、この公の求愛儀式がすべて自分のために企画されたものだったと気づいてくれるだろうと思ったからだ。

ハンスは、ばかげた計画だと思いつつも、面白いので引き受けた。一カ月もすれば、ユップはきっと別の女性を好きになり、そのときもまた恋のゲームの助っ人を引き受けることになるのだろうが、おかげで長ったらしい症例発表や回診に明け暮れる日々の退屈がまぎれる。懲りずにロマンスを追求するユップを見て、ハンスは、毎日注射針で突き刺している患者たちの血管にも生き生きとホルモンが流れ、聴診する彼らの胸の奥でも鼓動が鳴っていることを思わずにはいられなかった。

学生時代、ユップは引きこもることがあった。講義や実験などどこ吹く風で、東アムステルダムのアパートの部屋でソファに寝そべり、眉を上下させながらページをめくっていた。ユップは、ドミノと居酒屋好きのあのフランスの医者、シャルル・ボヴァリーから、医学を学んでいたのだ。文学の世界にどっぷりつかり、カクテルの混ぜ方や求愛のし方を学ぶために、平気で医学部の授業をさぼっていた。

それにしてもボヴァリーは悪影響だった。話の中で、彼は試験のぎりぎりまで勉強せず、医学部の最初の試験で落第しそうになる。それに比べれば、ユップのほうがずっと勤勉で学問もよくできたが、ボヴァリーが遭遇するさまざまな事件、親の干渉や妻との不和の物語に、ユップは完全にのめりこんでいた。もし人の命を救うのが医学だとすれば、彼にとって文学とは、救うに値する人生そのものだった。

ユップは、ヨーロッパの文学作品の中でくり広げられる物語の世界に思いこがれた。お気に入りのワインが一本空くよりも早いペースで一冊の本を読み終え、複雑にからみ合う話の筋を夢中で追っているうちに、アルコールが飛び、ワインはまずくなった。

彼がくり返し読んだ愛読書は、エリアス・カネッティの『眩暈（めまい）』という小説である。英語版のタイトル『Auto-da-Fé（火刑）』は、スペインの宗教裁判での異教者の火刑に由来する。主人公のピーター・キーン博士は、人生以上に書物を尊ぶ孤高の研究者で、みずから所有する膨大な文学の蔵書に埋もれることだけを楽しみに生きている。ところが、読み書きさえできず自分と何の共通点もない家政婦のテレーゼとの結婚を境に、博士の人生は滑稽なほど一変する、という話だ。

また、実世界でユップが医者の手本としたのは、ヤン・ヤーコブ・スラウエルホフだった。子どものころからあこがれていて、よく姉にも話をした、オランダで最も有名な詩人であり、作家でもある。ぜんそく持ちのスラウエルホフは、一九〇〇年代の初頭、アムステルダム大学で医学を学びながら詩を書いていた。共産主義の雑誌で初めての詩を発表後、学生新聞『Propria Cures』の編集を行った。多くの人は彼をいわゆる「呪われた詩人」、すなわち、一般社会から外れたところで生きる詩人と評した。彼の詩の作風は、ロマンチックで未完成な印象を与えるのが特徴で、孤独感をうたった詩や、愛、我が家への切実な思いを表した詩が多い。

Nowhere but in my poems can I dwell
Nowhere else could I a shelter find.[訳注4]

スラウエルホフは医学生としても自由奔放を貫いた。常識にとらわれず、対立を恐れない態度は方々から反感を買い、医学部を卒業してもオランダ国内ではなかなか勤め先が見つからなかった。そこで、彼はオランダ東インド会社の船医になり、航海中に小説を執筆した。スラウエルホフは船で世界を旅し、アジアやアフリカにも渡った。その後、モロッコ北部の都市タンジェに落ち着き、診療所を開いた。

そしてユップはもう一人のあこがれ、パステルナークの小説の主人公ドクトル・ユーリー・ジバゴに自分の姿を重ねていた。繊細な詩人であり医師であるユーリー・ジバゴは、患者を聴診しながら、頭の中で詩を編む。このロシアの医師は、戦争と革命に荒れる世においても、思いやりを持ち理想を貫いた。また芸術には、慰めだけでなく生きる意味を見出していた。

ユーリーもユップも、早すぎる時期に親と死に別れ、その傷をいやすために公に奉仕する道を選んだ。二人とも不公正や宗教と格闘した。それに、二人とも職場をともにする女性に恋をして、相手を傷つけることになる。

ユップには、女性を好きになるたびに結婚を申し込む癖があった——しかも、かなり恋多き男だった。一人目は、医学生のマリアン。ユップも医学生で、まだ作家の夢を捨てきれずにいたころに求婚した。

　二人でニューヨークに旅行に行ったときに結婚しないかと聞いてみたら、彼女が承諾したので驚いた。たいていの女性はそんな無邪気な求婚を本気にせず、「どうしようもないロマンチストね」とあきれるので、彼は断られてふてくされるのが落ちだった。

　女性の目から見て、彼は決してハンサムなほうではなかった。鼻はちょっと曲がっているし、歯並びもよいとはいえない。ところが、彼がよく口元に浮かべる薄笑いが満面の笑みに変わる瞬間に、女たちは恋に落ちてしまうのだ。

　ある背の高い看護師と出会ったときも、彼にはガールフレンドがいた。それでも波打つ茶色い髪を肘のあたりまで伸ばしたその看護師は、この世のものとは思えない軽やかな雰囲気を漂わせていて、彼を何の決まりもない国へふわりと連れ去ってくれそうな気がしたのだ。

　ユップが病院でヘレーン・ストックを見初めたのは、大晦日だった。彼は病棟の廊下でつかつかと彼女に歩み寄り、「僕はあなたと結婚します」と言った。彼女は、彼を頭のてっぺんからつま先までじろじろ眺めた。いたずらっぽいにやけ笑いと、襟もとのボタンを外したシャツが目に入る。日ごろどちらかというとシャイな男が、大胆な賭けに出た瞬間だった。

　ヘレーンは、アムステルダムの中流上層階級の家の出身だった。実家はフォンデル公園の近くにあり、二人が初めてダブル・デートをしたのも樹々に覆われたその都会の公園だった。ユップはヘレーンと手をつなぎ、となりには友人のカーレル・コッホとそのガールフレンドである小児科研修医のヘ

訳注4　「わが詩の中にしか生きるところはなく／詩のほかにわが身を守る家などない」という趣旨。

ンリエッテ・スヘルプビアがいた。

カーレルはユップより一年後輩で、まだ医学生だった。病院実習中、ユップが彼の指導を担当していたのだ。そして、血小板や胸のレントゲン検査について話す合間に、ジョーン・ディディオンの自叙伝やV・S・ナイポールの散文について、あるいはナボコフの『ロリータ』の真価について、熱く語り合った。病院実習から戻ったある晩、カーレルはヘンリエッテに言った。「すばらしい指導医に当たったよ！　きみにもぜひ会わせたい！」

「ユーピー！」とヘレーンが呼んだ。二人は公園の野外ステージに向かってぶらぶら散歩していた。彼にあだ名をつけたのは、後にも先にも彼女一人だけだ。二人は芝生に寝そべり、ふりそそぐ日の光とギターの音色を存分に浴びた。

ユップは音楽が好きだったが、その才能はなかった。一方カーレルは、クラリネットを吹き、バンドで歌い、医学部に入る前の二年間は音楽学校に通っていた。ユップはカーレルの才能を少々ねたんでおり、思わず「いいなあ、きみは」とひがむこともあったが、カーレルは気に留めなかった。ユップはせっせと彼のコンサートに通い、バンドの演奏に合わせて熱心に踊った。

ある晩、みんなでカーレルのバンドの演奏を聴くため車でアムステルダムからユトレヒトまで行き、その後一〇時間の道のりを夜通し走って、フランスアルプスの町シャテルにスキーをしに行った。その途中、ヘールレンにいるユップの母の家にも立ち寄った。

スイスからフランスにわたる曲がりくねった山道を走るあいだ、ユップは長い指の関節が真っ白く浮き上がるほど力を入れてハンドルを握りしめていた。雪が舞い、フロントガラスを曇らせるため、ユップはワイパーを高速に切り替えた。

「一度止まらないとだめだ！」と彼は大声で言った。

「ここで止まるなんて無茶だよ！　走り続けないと！」とカーレルが答えた。

凍結した道でタイヤが滑って車が疾走し、ユップはハンドルを握る手に一層力をこめた。タイヤにチェーンを巻きたかったが、狭い山道で車を安全に寄せられる場所はない。ユップは窓の外を見た。左側のすぐ下は絶壁だ。心臓がどきどきした。目ではひたすら道路をにらみ、耳ではカーレルの指示に集中した。

ついにアルプス山中の村に到着し、山小屋に転がり込んだ。車からビールと食料、そしてユップがトランクに積み込んでいた本の山を運んだ。カーレル、ヘンリエッテとヘレーンの三人は、ビールでくつろぎ、景色を眺め、真っ白い粉雪にけむる地平線と雪化粧した山々に息をのんだ。一方ユップはというと、さっそく遺伝学についての本に没頭していた。床には小説の山も積んであった。

次の朝、四人は国境を越えてスイスに入り、ゲレンデに立った。ユップは脚に力が入らず、「God verdomme!《ちくしょう》」と叫びながら、スロープを転げ落ちた。ヘレーンはのけぞって大笑いすると、シューっと風のように滑り降りてきて、壊れたスキー板もろとも雪だるまのようになっているユップを助けた。

◆◆◆

一九八一年の大晦日、ノアは熱っぽかった。ヴィルヘルミナ病院から退院してまだわずか三週間だったが、重い足を引きずり、再び病院を訪れた。脈が遅く、熱が高い。舌はカンジダ菌に覆われ、腸には赤痢菌が増えている。医者たちは大腸内視鏡検査を行い、抗真菌薬と抗生物質を投与し、元日には家に帰した。

一九八二年四月になると、ノアの顔と胸には紫色の斑が広がり、息切れもするようになった。そこで今度は、アムステルダム東部に新設されたアムステルダム大学学術医療センターに駆け込んだ。ちょうどそのとき、ユップも大学の附属病院でもあるその医療センターに勤め始めていた。

「本件の臨床像は、文献上〝ゲイ関連免疫不全〟とされている病と一致する。患者の細胞性免疫は完全に失われている」というのが医療センターの医師たちの見立てだった。彼らは感染症の治療をするとともに、ノアの肺の生体組織検査を行った。その後、ノアが腎不全になったので、人工透析が行われたが、もう手遅れだった。ノアは敗血症性ショックを起こし、一九八二年五月一日に死亡した。

この病の流行が始まってから一年がたたないうちに、ユップは疲弊し始めていた。くる日もくる日も死亡診断書を書き、臨床診療に追われ、ただれた皮膚の手当てをし、口をすぼめる患者に無理やり大量の薬を流し込む。それでも結局、新たな日和見感染が起こり、日々の努力がすべて水の泡になってしまうのだ。病気のほうが医療に勝っていた。どう考えても病棟の診療だけでは克服のしようがない——もっとよい対処方法が必要だった。

そこにヤープ・ハウトスミットが加わった。ユップよりも三年上のヤープは、鋭敏でユーモアがあり、いつも目がきらきらと輝いていた。彼は一九七八年、卒業と同時にオランダを離れ、アメリカの国立衛生研究所（National Institutes of Health、以下、ＮＩＨ）で勉強した。当時のオランダでは、ウイルス学者の養成はまだ始まったばかりだったからだ。若い科学者は、ノーベル賞受賞者に囲まれてこそ育つというのが彼の持論で、ＮＩＨではまさにその環境が用意されていた。

ユップとヤープが出会ったのは、ある朝の症例検討会の後だった。参加者たちが三々五々に階段教室を退室し病院内のそれぞれの持ち場に散っていくなか、二人はしばらく残って椅子の列をはさんで話をした。ヤープは、オランダで最も権威のある科学者の一人、ヤン・ファン・デア・ノールダー教授のもとで博士課程の勉強をするために、アムステルダムに戻ってきたと言う。教授とともに大学にウイルス学研究室を開設するとのことだった。

ところが、二人の会話はすぐにウイルスから文学の話に移り、世界で最も優れた小説一〇〇冊のリストをつくろうということになり、チェーホフやトルストイの作品を書き出し始めた。ヤープは、ユップがリストに載せる本を全部読んでいたわけではなかったが、直感的にユップの文学への造詣を信頼した。

ヤープはユップに臨床医療の指導を行っていたスヴェン・ダナーのほか、ルール・クティーニョおよびペーター・スヘレケンスと協力体制をつくった。ペーターは、オランダ輸血サービスで働いており、ルールはアムステルダム市医療センターの疫学者だった。またルールは、セネガルの病床数三〇床の病院で、近隣のギニアビサウの戦争で生き延びた負傷者の治療にあたり、最近帰国したばかりだった。オランダに帰ってからも、みずから望んで、だれもやりたがらない仕事に就いたのだ。

周りからは、「今どき感染症などやっても仕方ないぞ」と言われ、「市の医療センターで公衆衛生の代表など、本当にやりたいのか?」と念を押されたが、ルールは本気だった。そして、アムステルダム市内で静脈注射によるドラッグ使用者やゲイの男性に見られる性感染症について、疫学的な研究を始めた。

調査対象の男性たちに尋ねたところ、彼らは梅毒や淋病になることはたいして苦にしていなかった。治療すれば治るからだ。怖いのはむしろB型肝炎だと言う。なぜなら、薬が有害で、効き目がないことも多いからだ。

そこでルールは、ゲイの男性数百人の協力を得て、長年B型肝炎ウイルス（HBV）を保有している者（HBVキャリア）の血漿《けっしょう》からつくったB型肝炎ワクチンの接種実験を行った。感染者の血液に存在するウイルスの一部をとり出し、それを用いて、感染の危険がある人に免疫をつけるという発想である。注射器によるドラッグ使用者は、汚染された注射針を共有することがあるので、B型肝炎への感染リスクが高い。また、ゲイの男性たちも、コンドームを使わなければ感染のリスクがある。

HBVキャリアの血漿は、ペーターが勤務する輸血サービスから提供を受けた。そして、新しい性感染症と見られる病気の初期の症例が医学誌に載ったとき、ペーターとルールは、自分たちが先陣を切っていることに気づいた。すでに確保している大勢の協力者たちを、この新しい病気の研究にも利用できるはずだ。何しろ、今やすっかり顔なじみとなった男性たちは、この新しい病気に関しても、市内で最も感染の危険にさらされていることは間違いないのだ。

この病理現象を引き起こしているのはウイルスではないかという噂を耳にしたルールは、ヤープと連絡をとり、二人で計画を練った。アムステルダムのゲイのあいだで、この病気がどのように広がっていくかを調べるのに、ルールが確保している男性群を使おうというのである。すでに入院中の患者には、スヴェンを通じて直接接触できたし、彼らの血液中には謎の病原体が大量に含まれていたので、ヤープがそれをもとに感染の検査方法を開発することになった。そこに、輸血サービスの中央研究所に勤めるフランク・ミーデマも加わった。

こうして四分野の専門家が協力する「オランダ四人組」が始動した。ソ連の共産党政治局みたいだと言う者もいた。四人とも情熱に燃えており、話し合いはときに激しい言い争いになった。ミーティングの後、ルールは自分の車を見失い、混乱しきって駐車場をうろうろ探しまわることもあった。科学的な論争の直後で、頭にまだ血がのぼっていたのだ。この科学的な調査を進めるために、四人はお互いの存在を必要としていた。しかし、その進め方をめぐってあまりにも激しく衝突するので、完全に仲たがいしてしまわないように、外から仲裁者を呼び込まなければならないほどだった。

94

「この研究は僕の実験室でやったんだ。論文にきみの名前まで載せる必要はないだろう?」と、一人が言えば、

「そういえばこの前きみは勝手に私のデータを半分も使ってプレゼンテーションをしていたな。お互いさまじゃないか」と、もう一人がやり返すというように。

ある晩、四人の熱いミーティングの様子をフランクが妻に話すと、彼女はこう言った。

「私といるときも、そのぐらい真剣に情熱的に話をしてほしいわ。あなたたち、まるで恋人どうしみたい」

彼らの情熱は実り、ＨＩＶに関するきわめて貴重な事実をいくつも発見するにいたった。その結果、四人は、臨床医師、ウイルス学者、疫学者、そして血液学者の驚異的なチームプレーとして、科学雑誌に名前が載り、学会などでも話題になった。そしてアメリカの研究者たちにも、その存在を見せつけたのである。

ユップもその恋人たちの仲間入りをしたかったが、まずは博士課程を終わらせなければならない。そこで、一九八三年にファン・デア・ノールダーの研究室に入った。ファン・デア・ノールダー主査、ヤープ・ハウトスミット副査の指導のもと、彼は病棟と研究室を行ったり来たりして、患者の面倒を見ながら、四階の研究室に足を運び実験を行った。

その傍らで、ヤープと一緒に文学リストに本の題名を加えていく作業も、相変わらず続けていた。

「ツルゲーネフの『処女地』を読んだ。ぜひともベスト一〇〇に入れなければならない作品だ」と、ある日ユップはヤープに言った。「そうか。ということは、どれか一冊リストから外さなきゃならないぞ」とヤープは答えた。

文学の世界も、科学と同じで、才能があってもトップの座は限られているのだ。

第四章　敵を知れ

　ウイルス学研究室は、つねに実験の音で満ちていた。汚染された血液の入った試験管が遠心分離機でぐるぐる回り、学生たちが木の実験台にシュッシュッとアルコールを散布し、まだ真っ白い壁に並べられた背の高い冷蔵庫はときおりブーンと振動音をたてる。

　ユップは病棟の四階下にあるこの研究室で、ビーカーとピペットを手に実験に打ち込んだ。受け持ちの病棟では、患者の家族や恋人から「どうか助けてください」と懇願され、毎日患者が亡くなる。日々、把握しきれない不可解な病理現象と向き合い、答えることができない質問をかかえる。でも研究室に来れば、そういう日常から一時的に逃れ、落ち着くことができる。顕微鏡や冷蔵庫や試験管の中には、希望があった――同僚たちとともに大きな発見の瀬戸際にいるという期待に胸が騒いだ。

　アムステルダム大学学術医療センター（ＡＭＣ）のウイルス学研究室は、最新の設備を備えており、街中にある一八世紀のレンガ造りの建物に入っていた旧研究室とは、天と地ほどの差があった。この新しい研究室には大きなガラス窓があり、そこで感染力の強い体液を扱うため、室内には厳重に密閉できる空間も確保されていた。

　研究室を主宰するのはヤン・ファン・デア・ノールダー教授で、若い研究者たちからは「大御所」

とか「ウイルス学のゴッドファーザー」などと呼ばれていた。ヤープ・ハウトスミットは、教授のもとで二番手を務めた。いつも大勢の研究者で混雑し、それぞれの壮大な考えと特大のエゴがぶつかり合って、収拾がつかないこともあった。この新しい伝染病への関心が高まったため、一〇室あるオフィスの一室で机を共有しなければならず、ユップの机にもほかの医者たちの実験ノートが山積みにされていた。

研究者たちは場所の取り合いをし、論文に名前を載せる載せないでもめた。名前が載るとなると、今度は執筆者リストをどういう順番にするかで争い、みな最初か二番目もしくは最後尾を狙ったが、それ以外はやや格が下がり、人気がなかった。教授は自分のオフィスから弟子たちが張り合う様子を監視していた――むろん、そのオフィスは教授専用だ。「ゴッドファーザー」は、論文に自分の名が載るかどうかには興味がなかったが、科学者どうしの争いが研究室の外に漏れていがみ合いの実態を知られることがないように、気は遣っていた。

さて、アムステルダムでユップがひたすら顕微鏡をのぞき、自分の闘いに明け暮れているころ、フランスとアメリカの科学者たちは、エイズを引き起こすウイルスをどちらが先に発見するかで、競り合っていた。

疫学者たちは、だれがどこで感染したかという情報をつなぎ合わせることで、答えを導こうとしていた。そして、だれがだれとセックスしていたかをもとに感染者どうしの社会的なつながりを図に描き表していくうちに、血液と精液を介して感染が広がっていることを突きとめたのだ。その原因がウイルスであることはほぼ間違いなかった。そこで、世界を代表するウイルス学者たちが調査に加わることになり、物事はややこしくなっていった。

ロバート・ギャロ博士（同僚はみなボブと呼んでいた）は、メリーランド州の国立衛生研究所（N

IH）に勤めていた。ちょうどヤープ・ハウトスミットが訓練を積んでいた研究所の近くだ。エイズの流行が発生する数年前、ボブは世界で初めてレトロウイルスを発見した。レトロウイルスとは、本来の遺伝情報の転写（DNAをもとにRNAをつくる）とは逆の働きをし、RNAをもとにDNAをつくるウイルスである。

ボブは、エイズには関心がなかった。レトロウイルスの研究を続けていたが、当時はまだエイズの原因ウイルスがレトロウイルスであるかどうかは解明されていなかった。しかし、CDCの感染症情報サービスの調査官でエイズ特別調査団の一員でもあるドン・フランシスは、何としてもボブの協力を得ようと、熱心に働きかけた。「CDCでは人材も限られているし、あなたほどの専門知識を持つ者は一人もいない」と言って、頼み込んだのである。

その甲斐あってボブの参加は決まったが、いざ共同作業が始まると、別の問題が発生した。ボブは協調性がないことで有名だったのだ。あまりにもやりにくいと感じたドンは、ついに同僚に相談した。

「七歳児だと思ってつきあえばいいのよ」と、彼女は言った。

「でも我々は大人だ。それに重大な流行病を扱っているというのに」と、彼はぼやいた。

エイズ研究の競争に参加し始めたボブは、病気の原因を突きとめることに全身全霊を傾けた。それが彼の持ち味だ、と言う者もいた。頑固なまでの決意をもって取り組む反面、人と協力するのは苦手だったが、世界で最も優れた科学者の一人であることは間違いなかった。彼は、フランスの科学者たちに勝つことを使命としていた。しかしその信念があだとなり、科学史に汚点を残すスキャンダルに発展することになる。

フランス側の競争相手は、パリにあるパスツール研究所のリュック・モンタニエだった。彼の研究チームは、ブリュとレイの仮名で呼ばれる二人のゲイのフランス人男性から、リンパ節のサンプルを

第四章　敵を知れ

取得し、そこから何とかウイルスを分離して、細胞培養しようとしていた。しかし、そのウイルスに関する情報がほとんどなかったため、彼らは苦戦する。ウイルスを培養できないことには、研究する手段さえなく、絶望的な状況が続いた。

やがて一九八三年のはじめになり、リュックとその同僚、フランソワーズ・バレ＝シヌシおよびジャン＝クロード・シェルマンは、ブリュのリンパ節からウイルスを分離することに成功した。ウイルスは、ブリュのイニシャルとリンパ節症関連ウイルスを意味する頭文字を合わせて、ＪＢＢ／ＬＡＶと名づけられ、フランスの研究チームはこの研究結果を同年五月の『サイエンス』誌に発表した。

さらに、彼らはウイルスのサンプルをボブ・ギャロの研究チームに送った。このように、自分たちの研究結果が正しいことを証明する目的で、ほかの研究者に実験を再現してもらうことは、科学の世界ではよくあることだ。

ところがここで問題が発生した。ギャロの研究チームは、すでにアメリカ人の感染者の血液を使って実験を進めていた。やはり感染した血液サンプルからウイルスを分離しようとしていたのである。

しかしどういうわけか——その経緯に関しては諸説あるのだが——彼らの用いていたサンプルが、フランスから送られてきたウイルスに感染してしまったのだ。

数カ月後、ギャロはエイズの原因となるウイルスを発見したと発表したが、彼が「発見した」と称するものは、実はリュックがパリから送ってきたウイルスだったのである。

しかもギャロはこの〝新しい〟ウイルスに名前までつけてしまった。彼はヒトのレトロウイルス、ＨＴＬＶＩおよびＨＴＬＶＩＩをすでに発見していたことから、このウイルスをＨＴＬＶＩＩＩと名づけたのである。

フランスとアメリカの研究チームは、互いに協力し合っていたはずで、ウイルスの混同が起きてい

99

たとは、当時だれも知らなかったようだ。リュックは、自分たちがサンプルからウイルスを分離したように、ボブも独自に分離に成功したものと理解していた。そこで、両方の研究グループがエイズの原因を突きとめたとして、共同発表を行う予定だった。

しかし、レーガン政権には別の考えがあった。それまでエイズについてはだんまりを決め込んできたくせに、突如このアメリカの手柄とおぼしき新しい発見に飛びついたのである。そして一九八四年四月に、保健福祉長官が記者会見を開いた。報道関係者がひしめく会場で、マーガレット・ヘクラー長官は、エイズを引き起こすウイルスを発見したのはボブ・ギャロであり、そのウイルスの名はHTLVⅢであると発表した。ボブはその場で立ち上がり、拍手喝さいを浴びたのだった。

オランダでも科学者たちはこの事態を興味深く見守り、今後どのような展開になるのか注視していた。同時に、自分たちの実験に集中し、主にこの謎のウイルスへの感染によって体がどう反応し、患者たちを苦しめ死にいたらしめるのかを調べていた。

一方、アメリカの発表には、オランダに限らず世界が注目していた。パリでは、リュックが激怒していた。彼は記者会見を受けて訴訟を起こし、アメリカ当局はボブ本人およびその研究チームと実験内容に対する捜査を行った。その結果、政府機関である研究公正局（ORI）は、ボブ・ギャロならびに同僚のミクラス・ポポビッチに科学的不正行為があったと結論づけた。しかし、その後新たな調査で結果が覆り、ボブは汚名をそそいでいる。この問題の調査は何年にもおよび、政府のさまざまな機関がかかわることになったのである。

ある調査報告書によると、ボブの論文の下書きにミクラスのコメントが記載されていた。フランスのウイルスがエイズの原因である可能性は高く、それを実験の参考として使用する、との内容だった。

100

ボブはそのコメントを線で消し、その横に、「ミカ、正気か？」と書いていた。

調査官らは、フランスの研究チームが先にウイルスを発見したと認めればそれで済むのに、なぜボブはそれができないのかと尋ねた。ボブの弁護士によれば、彼は怒りのあまり感情的になってしまったのだと説明した。

論争はエスカレートするばかりだったが、両国の科学者どうしの争いを封じ込めたいと考えたレーガンは、一九八七年に、フランスのジャック・シラク大統領を初のアメリカ公式訪問に招待した。

ボブとリュックは、ＨＩＶの発見の経緯を時系列に示した七ページにわたる文書に署名したが、どちらが先にウイルスを分離したかについては合意にいたらなかった。

これを受け、一九八七年三月に、レーガンは大統領執務室から次のような発表をした。「この同意書により、米仏の協力関係は新たな時代を迎えます。今後はこの恐ろしい病の広がりを抑えるため両国が力を合わせて取り組むことにより、エイズワクチンや治療法の開発がより迅速に進むと期待します」

これこそが、論争の公的かつ正式な終結となるはずだった。しかし、双方に敵対心やわだかまりが残り、二一世紀に入って争いは再燃する。二〇〇八年に、リュック・モンタニエと、同僚のフランソワーズ・バレ＝シヌシは、ＨＩＶを発見した功績を認められ、ノーベル生理学・医学賞を受賞した。ボブ・ギャロは受賞の対象にはならなかった。

このように、ＨＩＶは、研究室で発見されたその日から、科学の世界の醜い側面をあぶりだしてきたのだ。

◆
◆
◆

さて、顕微鏡をのぞいてHIVを見てみよう。ウイルスには、裸のものもあるが、HIVは外被をまとって姿を現わす。二〇万倍に拡大すると、球形のウイルスがくるくる回っていて、その外被には茎状のタンパク質が散りばめられている。茎の先には、木の葉型のタンパク質が三枚ついていて、その葉っぱが、私たちの細胞に侵入するための鍵となる。

葉は糖に浸かり、その甘みで私たちの免疫系をあざむいて、正体がばれないようにしている。ずる賢いようだが、ウイルスにとっては不可欠な策略だ。なぜなら、HIVが狙うのは、まさにウイルスを殺すために設計されている細胞、ヘルパーT細胞だからである。

ヘルパーT細胞とは、免疫系を統率する司令官である。体に侵入者が入ってくると、ヘルパーT細胞が化学信号を発して、眠っているB細胞や細胞傷害性T細胞などの仲間をたたき起こすのだ。

このヘルパーT細胞の表面には、CD4受容体というタンパク質がある。免疫系のその他の細胞は、このCD4受容体を使って、ヘルパーT細胞を侵入してきた病原体へと導く。ところが、HIVはそのような案内を必要としない。血管内を漂流しながら、ヘルパーT細胞が持つCD4受容体の化学的な臭いを嗅ぎつける。この受容体を取っ手にして、T細胞の扉を開けるのだ。

HIVの外被でひらひらしている甘い葉は、CD4受容体に引っかかり、ヘルパーT細胞に吸着する。そして、CD4受容体にがっちり結合すると、HIVは、より小さい受容体をも引き寄せる。この二つ目の受容体は、通常、T細胞の表面に突き出ているCCR5受容体だが、CXCR4という受容体が狙われることもある。

HIVはヘルパーT細胞にしがみつくと、離れなくなる。ウイルスの再生が始まったからだ。実はヘルパーT細胞と比べると、HIVはとても小さい。T細胞はウイルスの三五〇倍の大きさだ。それなのに、たった一つのHIVの粒子から、一〇億もの新しい粒子が生み出されることになるのだ。

Ｔ細胞に結合すると、ＨＩＶは外被を脱いで、その中身を細胞質の中に注ぎ込む。すると、ＨＩＶの遺伝子や酵素が閉じ込められている銃弾形の殻「キャプシド」が、細胞質に入り込む。このウイルスの殻は、ｐ24というタンパク質のブロック一五〇〇個からできている。

キャプシドはヘルパーＴ細胞の中ではじけ、ＨＩＶの遺伝子である二本のＲＮＡがとび出す。ＲＮＡは、後部付近に丸い塊をつけた状態で、細胞質内を漂う。このＲＮＡにはＨＩＶをつくるための指令が含まれており、丸い塊は逆転写酵素だ。

ＨＩＶというウイルスは、通常とは逆の作用によって増殖する。ＤＮＡがＲＮＡになり、タンパク質をつくる――これがセントラルドグマ、すなわち生物学の中心概念である――のではなく、ＨＩＶは逆転写酵素を使って、ウイルスのＲＮＡをＤＮＡにつくり変えるのだ。ただし、この酵素はすばやく働くだけでなく、反抗的でそそっかしい。ＲＮＡをＤＮＡに変えるときに間違いを犯し、それを修正せずに放ったらかすのである。

ウイルスには、特にＲＮＡではなくＤＮＡを遺伝子に持つものには、自分の完璧なコピーをつくるものもある。しかしＨＩＶはそうではない。不器用に逆転写するので、一つのＨＩＶ粒子が少しずつ違った一〇〇通りものコピーをつくり出すこともある。つまり、一人のＨＩＶ感染者が、遠縁にあたる何百種類ものＨＩＶ粒子を宿していることもありうるのだ。ＨＩＶが、本来それを攻撃するように作られた治療薬をかわして生き残ることができる理由の一つはこれだ。

ひとたびＲＮＡがＤＮＡに変身すると、ＨＩＶはインテグラーゼという酵素を用いて、そのＤＮＡをヘルパーＴ細胞の核に取り込ませる。インテグラーゼは、はさみのように機能し、ヒトのＤＮＡを切ってそこにＨＩＶのＤＮＡを差し込み、両者をのり付けするのである。

ここまでくれば、ウイルスの仕事はおしまいで、あとはヒトの細胞に任せておけばよい。ヘルパー

T細胞自身の仕組みが作動し、ヒトのDNAだけでなくウイルスのDNAも読み取って、それらから長いRNAの鎖をつくり出す。そして、ヘルパーT細胞のリボゾーム——細胞質の中にある小さなタンパク質合成工場——が、そのRNAをもとに、新たなHIVのコピーをつくるのに必要なタンパク質を合成するのである。新しくつくられたタンパク質は、ウイルス由来のプロテアーゼという酵素によって、小さく分解される。こうして生まれた裸のウイルス粒子が集まり、ヘルパーT細胞の表面に浮き出るのだ。

このようにして、HIVは免疫系を乗っ取り、私たちの体を守る安全網であるはずの仕組みを、ウイルス生産工場につくり変えてしまう。そして、ウイルスに感染したヘルパーT細胞は、新しいHIV粒子を構成するのに必要な部品を大量生産する。p24タンパク質や、逆転写酵素、インテグラーゼ酵素などがどんどんつくられていくのだ。

ヘルパーT細胞と結合するためにHIVが外被につけている葉っぱさえ、ヘルパーT細胞自身がつくってしまう。では、外被はどこから来るのだろうか。実は、ヒトの細胞の外に出ていくときに、HIVはヘルパーT細胞から細胞膜の一部を盗み、それで外被をこしらえている。そう、HIVは泥棒だ。しかも、細胞生成装置をハイジャックする悪党だ。私たちが感染を防ぐために備えている細胞を狙い、ヘルパーT細胞を操り、免疫系を支配してしまうのである。

闘いの号令をかけてくれるはずの統率者が不在だと、もはやB細胞も細胞傷害性T細胞も役に立たない。体は無防備になり、ふだんは悪さをしないさまざまな病原体でも感染症を起こすことになる。そしてHIVは悪い仲間を重宝する。病原体をどんどん味方につけて、総力でヒトの体の攻略にかかるのである。

◆
◆
◆

ユップにとって、競争は心地よかった。実験助手にピペットやシャーレを預けて、研究室と病棟を往復しては、患者からサンプルを採取した。ほかの学生の実験を手伝いながら自分の研究にも励んだ。周りにはつねに緊張感があった。時間が凝縮されている感じがした。あらゆる角度からウイルスを突っつきまわし、すべての疑問に答えを出すには、一日二四時間では足りないと思った。ユップは朝研究室に着くと、ほかの学生を押しのけるように入ってきて、邪魔だと思うと大声を出すこともあればば、激しい口調で相手を泣かせてしまうこともあった。でもそういうとき、彼は決まって病院をとび出し、ペーパーバックの本が何冊も入った袋をさげて戻ってきた。そして、お詫びと和解のしるしに本を配っていたのだ。

博士課程のウイルス学者の多くは、あくまでも細部——ウイルスの遺伝子構造やウイルス外被からぶら下がっている葉の先端——に焦点を当てて、その研究に何年も費やす。それに対し、ユップは型破りだった。ウイルスを構成する各部分を四年かけて調べあげ、ウイルスがどのようにして免疫系を乗っ取り、病気を起こさせるのかを知ろうと努めた。

博士課程の一年目で、ユップはエイズに関する論文を一一本発表した。『ランセット *The Lancet*』誌や『ジャーナル・オブ・エイズ *Journal of AIDS*』誌など、世界でも権威のある医学雑誌の同一号に、彼の研究論文が二本、三本と続けて掲載されていることもしばしばだった。

たとえば、ニワトリに使われるアンプロリウムという寄生虫駆除剤を調べた研究では、エイズ患者のしつこい下痢を止める効果があることがわかった。また、ペーター・スヘレケンス、ヤン・ファン・デア・ノールダー、およびスヴェン・ダナーと共同で、オランダのエイズ患者三六名に関する症例報告を作成し、患者たちの血液や脳や腸に感染した病原菌について詳述した。

さらに、一九八五年にヤーブとペーター・ライスと共同で発表した論文がある。対象は、初めて男性と性行為をした数週間後にエイズを発症した一九歳の青年。ペーターが医者になったばかりの一九八一年に、夜の当直で出会ったあの青白い若者、ダニエルだ。

ペーターが救急外来でダニエルと出会ってから四年もしないうちに、エイズの検査法が開発された。エライザ法(ELISA)または、酵素結合免疫吸着検定法と呼ばれるこの検査では、血液中のHIVを検出することはできなかった。その代わり、HIVの侵入を受けた際に免疫系がつくり出す抗体を検出するものだった。

抗体とは、病原体を追跡するY字型のタンパク質である。病原体によっては、免疫細胞の目をくらますのが得意なものもあるが、抗体がその病原体に結合して目印になり、食細胞らを呼び寄せ、食べてもらうのだ。抗体には、ナチュラルキラー細胞(NK細胞)という攻撃性を持つ免疫細胞を活性化する働きもある。

さて、エイズの抗体検査ができたとの発表を知ったペーターは、すぐに聖母病院の研究室にかけこみ、冷凍庫からダニエルの血液サンプルをとり出した。まさに、いつかこの瞬間が来るだろうと期待して、保存しておいたものだ。彼は「一二月一八日」および「一二月二八日」と記載された試験管を解凍し、新しい検査にかけ、結果を待った。

このうち、最初の血液サンプルは、ダニエルが病院に現れてから三日後に採取したものだったが、結果は陰性だった。その日の時点ではまだウイルスの抗体はできていなかったのだ。しかし、一二月二八日に採取した血液サンプルには、大量の抗体が含まれていた。ダニエルが入院しているあいだに、免疫系がウイルスに反応し、抗体をつくり始めたということがわかった。

ペーターの直感は正しかった。その若者が患っていたのは、確かに、『NEJM』や『MMWR』などの医学誌に出ていたサンフランシスコやロサンゼルスのゲイの男性たちの症例と同じ病気だったのだ。

ペーターは一九八三年にダニエルについての記事を医学誌に投稿し、「これは軽症のエイズ患者か?」という疑問をそのまま題名にしていた。しかし、ダニエルが実際にかかっていたのは、急性のHIV感染症だ。彼はおそらく聖母病院を受診するほんの数週間前にウイルスに感染していたからだ。

一九八五年三月に、オーストラリアで初めてのエイズ患者を診断した免疫学者、デイヴィッド・クーパー博士が、『ランセット』誌に論文を発表するまでは、急性HIV感染症は、医者のあいだで知られていなかった。その論文は、「急性エイズレトロウイルス感染――セロコンバージョンに関連する臨床疾患の定義」と題されていた。ペーターはその論文を読み、あの夜勤で出会ったダニエルのことを思い出したのだった。

免疫系がHIVに対する抗体をつくるには、数週間から数カ月かかる。この抗体をつくるプロセスを科学用語では「セロコンバージョン」という。ダニエルのセロコンバージョンは、ペーターの目の前で起きていた。ただ一九八一年の時点では、そのことを証明する手段はなかった。まだ抗体検査をする方法もなかったし、ウイルスと闘うためにどのような抗体がつくられるかについても、十分な知識がなかった。

一九八三年に博士課程の研究を始めたユップは、HIVに反応する抗体がどのようにつくられ、変化するかを調べていった。その際、一九七〇年代よりルール・クティーニョが調査してきたゲイの男性群のおかげで、いち早く重要な発見をすることができた。

まず、ルールのB型肝炎ワクチンの実験に参加した一五人の男性の血液を調べた。その結果、HI

Ｖに感染すると、免疫系はまず、ＨＩＶのｐ24タンパク質、すなわちウイルス内部のキャプシドを構成する物質に対する抗体をつくる、ということがわかった。

また、血液中の抗体が消えると、患者はほぼ確実にエイズを発症しているということもわかった。ユップはこれらの研究成果を論文にし、一九八六年一月に『ブリティッシュ・メディカル・ジャーナル *British Medical Journal*』（以下、ＢＭＪ）誌に発表した。その中で、病状が悪化すると抗体が消える理由はわからない、と断っておいた。

抗体が消えるのは、抗体をつくるＢ細胞を使いつくしてしまったからなのだろうか？　それとも、ウイルスがあまりにも大量のｐ24を送り込んでくるため、すべての抗体がそれらに結合してしまったということなのか？　もし抗体がタンパク質の周りに取りついて固まっているなら、検査で検出されない可能性があると、彼は考えたのだ。

ユップはその年の末までにこれらの疑問に答えを出し、一二月、『ＢＭＪ』に二本目の論文を発表した。その中で、血液中から抗体が消えるのは、ウイルスが急速に複製され、大量のｐ24が生産されているときであると述べた。さらに、ｐ24の存在は悪い兆候を示すことを証明した。血液中のｐ24が多いということは、ウイルスがものすごい勢いで増殖していることを意味し、患者はまもなくエイズに屈してしまうだろうと予想できるからだ。

疑問が解決するごとに、ＨＩＶの仕組みと人体への影響について理解は深まり、ユップの研究には目覚ましい進展があった。一つの実験は次の実験につながり、一つの答えからは、次々に新しい疑問が浮かんだ。

ユップをはじめとする科学者たちは、タンパク質、酵素、構造といった、ウイルスの個々の要素の特徴を明らかにすることで、ＨＩＶの弱点を顕在化させた。そして、ユップたちの発見により、新たな標的が示されたおかげで、ＨＩＶのアキレス腱を狙い撃ちする薬の開発に向けた動きに火がついた。

世界じゅうの研究者たちが、これらの発見をもとに、ウイルスの弱点の「形」を調べ、まるで錠前師が鍵を削るように、そこにぴったりはまる薬を探し求めた。その薬がＨＩＶと結合してしまえば、ウイルスの複製を防ぐことができるからだ。

新薬の探求が続くなか、ユップが試した薬の一つは、アフリカ睡眠病を引き起こす寄生虫に使われるスラミンという薬だ。ＨＩＶにも効き目があるかを調べるため、患者一〇人に注射してみたが、効果はなかった。患者たちはただお腹を押さえ、皮膚に爪をたてて、ひたすら腹痛に耐えていた。

さまざまな発見の中で、ユップが特に気になったことがある。ＨＩＶが増殖するのは、白血球の中だけではないことがわかったのだ。ＨＩＶは体の器官の中に忍び込んで、数カ月、あるいは数年にわたり、気づかれずに居座ることがある。それらの臓器が進化させてきた何らかの防御機能を利用しているのだ。

免疫系は、気性の荒い獣のようにふるまうことがある。病原菌の侵入に激高し、全面戦争をしかけるのだ。傷口が菌に感染すると、免疫細胞や粘着性のある抗体をどんどん流し込んで傷を埋めつくす。それが眼球や脳のように腫脹の余地が少ない器官だったりすると、大変なことになる。脳が腫れて硬い頭蓋骨に押しつけられると、人間は感染症などよりずっと短い時間で昏睡状態や死にいたるのだ。それゆえこれらの器官は、免疫系の作用から身を守るすべを進化させてきた。ところがＨＩＶは、ヒトが古来より備えてきた防御機能を逆手にとり、目、脳、乳房や睾丸などの繊細な器官を、自分たちの隠れ家となる〝聖域〟にしてしまうのである。

ユップは、血液の中にＨＩＶが不在のように見えても、その人がＨＩＶに感染していることがありうることに気づいた。ＨＩＶが血管内を流れていなくても、リンパ腺の中や脳の奥深くに潜んでいて、いつか長い眠りから覚めるのを待っているかもしれないのだ。

◆ ◆ ◆

ユップとヘレーンは、ユップの博士課程の二年目の年に結婚した。式にはオランダ科学界を代表する面々が出席し、一同、シャンパンで乾杯してダンスを楽しんだ。その合間にユップは義理の母と結託して、ペーター・ライスをヘレーン一家と親しい若い女性に引き合わせた。そして二人を近づかせるため、彼女に話しかけるようペーターにしきりと働きかけた。二人はその後、めでたく結婚した。

結婚の翌年の夏、ユップとヘレーンに最初の娘、アンナが生まれた。一九八七年には息子が生まれ、チェコの作家マックス・ブロートにちなんで、マックスと名づけた。マックス・ブロートは一〇〇冊近い著作を生み出した作家であるが、フランツ・カフカの親友で、カフカの伝記を手がけたことでも知られている。

ユップにとって、子どもたちは、その名の出どころである文学の世界と同じほど大きな喜びだった。アンナとマックスは好奇心が強く、純真で、かわいかった。自分が研究室で長い時間を過ごすのは、子どもたちに会いたい気持ちをつのらせ、帰宅の喜びをより一層強くするためだ、と思うことさえあった。

マックスが一歳のとき、ヘレーンは次女マリアを出産し、一家はアムステルダム郊外の村、マウデルベルフに引越した。ユップは父親となったことで、この感染症との闘いにかける情熱がさらに強まった。ヘレーンが看護師の仕事をあきらめ、子育てに専念したので、ユップは病棟と研究室と自宅で過ごす時間をやりくりした。彼の頭にはいつも症例対照研究と子守歌がいっぱい詰まっていた。

ある日、市街電車で職場に向かう途中、ユップは考え事に夢中になっていて乗り過ごしそうになった。AMCの近くであわてて飛び降りたが、となりの座席に大事なものを置き忘れたことに気づいた。博士論文だ。

また別の日には、博士論文を書類かばんに入れたまま、ヘレーンの実家の入口付近に置き忘れてしまった。気の毒なことに、義母がその書類を探して歩きまわる羽目になり、結局近所の路地で見つかった。

ユップの博士論文は、彼が一九八〇年代半ばに発表した数多くの研究論文のうち、最も重要な八本をまとめて編集したものだった。彼はわずか四年のあいだに、世界でも有数の医学雑誌に二〇を超える論文を投稿し、ウイルス学、免疫学、ならびに臨床医療において、いくつもの重要な発見をするにいたった。それは彼自身の意欲の成果であるとともに、エイズについてもっと知る必要があるという、多くの科学者たちが共有していた思いの結実でもある。

博士論文をまとめるにあたり、ほとんどの学生は、仕上がった冊子がすでに医学雑誌に発表した研究論文の寄せ集めにならないように体裁を整えたが、ユップはそれをしないので、友人らは不思議がった。ユップが慣例に従わなかったのは、それだけではない。オランダでは、博士課程を終える学生たちは、自分たちの研究成果を十数項目の箇条書きにしたカードを印刷するならわしがあった。そのうちの一〇項目には、本当に大事な実験をまとめるが、試験官の笑いをさそうために、わざとくだらない内容のものを三、四件つけ足すのもしきたりだ。

ユップの友人で、病棟で彼が指導した後輩のカーレル・コッホは、そのカードに、アメリカとオランダの文化の違いや、オランダの大手スーパーマーケットのアルバート・ハインに関する皮肉たっぷりの〝研究〟を記載した。カーレルはしきりと「ユップはユーモアのセンスがあるんだから、カードを作ればいいのに」と、言ったが、ユップは、「そんな暇はない、もっと大事な仕事がある」と言ってとり合わなかった。ユップがしきたりを嫌うせいで、彼の気のきいたジョークを聞けなかったと、友人たちは残念がった。

一九八七年一一月五日木曜日の朝、カーレルとハンス・サウアヴェイン医長は、ユップを車に乗せて、ユトレヒトの東にある森に向かった。三人は車を降り、森の中へ入っていった。ユップの気をまぎらすためだ。その日の午後、彼はパリッと糊のきいたシャツと堅苦しいタキシードに着替え、厳格な面持ちの教授陣と対面しなければならない。教授たちは彼の研究に関し、実験の方法や結果の解釈などについてあれこれと質問をする。その日は、博士課程の学位審査の日。しかもユップの論文は、オランダで初めてエイズをテーマにした博士論文だったのだ。

数時間が過ぎ、プレイヤーズネイビーカットのたばこが何パック空いただろうか。三人は森から出てきて、アムステルダムに戻った。カーレルのアパートでユップがタキシードに着替えた後、二人は運河沿いに歩いて、アムステルダム中心部にある薄暗い一七世紀の教会に向かった。

アムステルダム大学の博士課程の学位審査が行われる会場は、旧ルーテル教会だった。ユップは説教壇に立ち、研究の説明をした。審査は一般に公開されていたが、信徒席はだいたい顔見知りで埋まっていた。

ユップは一五分間の発表を終え、三〇分間質問に答えた。答えられないことは何もなかった。静かな声で自信を持って話し、頭の奥ではもう、カーレルが計画してくれているパーティを楽しみにしていた。審査が終わるやいなや、ユップはカーレルのアパートに飛んで帰り、黒の上下を脱ぎ捨てて、カジュアルなシャツとスラックス姿になった。さあ、パーティだ！　有頂天のユップは、朝森に着ていったジーパンとTシャツをカーレルがこっそり拾っていることに気がつかなかった。

パーティの会場は、ダム広場に面したインダストリエーレ・グローテ・クラブという、木製パネルの内装を施した高級紳士クラブだった。会場に着くと、カーレルはユップが脱ぎっぱなしにしていた服を着て、ユップの指導医のハンス・サウアヴェインと一緒に寸劇をやり、ユップを演じた。二人はユップが当たり散らしたり、皮肉を言ったり、同僚を困らせたりしては、気まずそうに本を配ってまわる様子を再現して、面白がった。

赤ワインのボトルが何本も空き、みんなは彼がやたらと論文を発表しまくることをちゃかした。博士論文の紛失――それも二度の――事件も持ち出され、義母に探してもらったことについてもあれこれ言われた。みんなよく笑った。ユップはだれよりもよく笑っていた。

◆　◆　◆

一九八五年の末より、ＡＭＣの六階がエイズ病棟になった。ユップと同僚たちは、病院の北東部分にある六階の医務室に移った。涼やかなグリーンの壁の病室では、医師たちの白衣がよく目立った。

エイズ病棟の病床数は一六床で、一二の病室に分けられていた。ベッドが二つの病室が四部屋あり、残りの八部屋は個室で、最大限の静けさとプライバシーが確保された。

病棟の責任者は、スヴェン・ダナーだ。彼は何年も前から、エイズ患者専用の空間を確保してほしいと訴えてきたが、病院の経営陣になかなか受け入れてもらえなかった。経営側は、病院内が不必要に細分化されることを懸念していたのだ。

その心配はない、とスヴェンは主張した。なぜなら、彼はすでに神経科、呼吸器科、皮膚科のほか、さまざまな分野の専門医師と連携し、エイズの多様な症状に対処できる協力態勢を作っていたからである。

一方、まだ決まっていなかったのは、新しい病棟の看護師長だ。そこで一九八九年一〇月、病院が『デ・フォルクスクラント』紙に求人広告を出したところ、ジャクリン・ファン・トンへレンが応募してきた。彼女は、今まで彼らが見てきた看護師とは全然違っていた。イギリス人の母とオランダ人の父を持ち、インドネシアで生まれたジャクリンは、如才なく、思いやりがあり、魅力的だった。おまけに、はっとするほど美しい。卵型の顔を縁どるつややかな茶色い髪。細身の体型にはデザイナーズブランドの白衣がよく似合った。

彼女の両親が出会ったとき、英国サリー州出身の母パメラは、放射線技師として働いていた。父バートは、オランダ軍で無線の送受信を担当していた。また、彼はオランダ政府の支援でユトレヒト大学に通い、インドネシア研究で学位を取得していた。オランダは、植民地で働けるマレー語やアラビア語に堪能な人材を養成していたのだ。バートの父は牧師だったので、国からの補助金がなければ大学教育を受けられなかっただろう。

パメラとバートが出会ったのは、一九四五年五月八日、ヨーロッパ終戦記念日のトラファルガー広場だった。ウィンストン・チャーチルの終戦宣言を喜ぶために集まった何千人もの人だかりのただなかで、二人は出会ったのだ。

バートは船でインドネシアに向かう前だった。パメラは手紙を出すと約束し、それを守った。二年のあいだ、二人は長い手紙をやり取りした。そして一九四七年にパメラはインドネシアに渡り、バートと結婚した。パメラは現地の病院の放射線科の責任者になったが、一九四九年一二月、インドネシアがオランダからの独立を勝ち取ったため、二人は突然、国を離れることになる。そのとき、ジャクリンはまだ五カ月だった。

ジャクリン・ファン・トンヘレン

一家はアムステルダムにたどり着いた。お金はなく、途方に暮れた。それに、パメラは太り始めていた。「オランダのパンのせいかな」と、バートは言った。でもパメラは太ったのではなく、妊娠していたのだ。一九五〇年に息子のフィリップが生まれた。バートの戦争時代のコード・ネーム「フリップ」がフィリップのあだ名になった。その後一九五八年に、次女サンドラが生まれた。

バートは、かつて発行が禁止されていたレジスタンスの新聞『ヘット・パロール』紙の印刷・販売業の仕事に就いた。生活の苦しさをまぎらわすために、二人は子どもたちを連れてアムステルダムの絵画オークション会場に出かけて行き、もしお金があったらどの絵を買うか想像して楽しんだ。

ジャクリンは学校でもバレエ教室でも優秀だと褒められたが、イタリア語を勉強するためユトレヒト大学に進んでからは、拒食症に苦しんだ。そんな彼女が看護師を目指そうと思ったのは、二度目の結婚をした後だ。そのときは、夫婦でアムステルダムに「ヴェンディング」という美術画廊を開いていた。稼業に特に問題があったわけではないが、人の面倒を見るのが好きな彼女の性格には、看護師のほうが向いているように思えた。それに、景気が悪化してくると、画廊は安定した収入源ではなかった。看護師なら、きっとどんな世の中でも仕事はあるに違いない。

一九八一年三月、ジャクリンは、スローターヴァート病院で看護師としての訓練を始めた。それは、最初のエイズ患者らが病棟のドアをノックし始めるほんの数カ月前のことだ。ジャクリンは特に神経科、神経外科、および癌治療に興味を持ち、それらについて受けられる授業はなるべく多めに受けた。やがて時が過ぎ、一九八七年、彼女はエイズ病棟の看護師長になったが、病院は経営難に陥っていた。「現在の仕事には十分満足していますが、環境を変え、新しいことに挑戦したいと思い、応募しました」。AMCの求人に対する応募書類に、ジャクリンは美しい筆記体でこう書いた。スローターヴァート病院は気に入っていたし、患者へのケアを充実させながらも看護師の過労を防ぐため、時間をかけて看護プロトコールの見直しも行ってきた。しかし病院は経費節減を余儀なくされており、それに比べると、ＡＭＣのエイズ病棟のほうが大規模で設備も整っていた。

応募者の中では、彼女がいちばん珍しい経歴の持ち主だった。面接のためヤンとヤープの前に現れるまでの彼女の職歴は、イタリア文学翻訳者、美術品のキュレーター、画廊二店のオーナー、不動産仲介業者、歴史的記念碑の修復者、パティシエ、そして最後はもちろん、スローターヴァート病院エイズ病棟の看護師長だ。

ジャクリンは面接でもずば抜けて好印象だった。しかしヤープはヤンに言った。

「本気で彼女を雇うんですか？　見てくださいよ、彼女がだれと結婚しているか」

ジャクリンの夫はアドリアーン・ヴェネマ。オランダでは有名な作家・戯曲家だったが、ほかの作家の第二次大戦中の行動をやたらと批判し、著名な作家に公然と喧嘩を売りたがるので問題視されている人物でもあった。エッセイや記事の投稿を通じて、アドリアーンはオランダの文壇に多くの敵を作ったのだ。

ジャクリンとアドリアーンは一緒に画廊を営んでいたが、アドリアーンは気が多く、しょっちゅう浮気をした。ＡＭＣの面接を受けるころには、ジャクリンはすでに夫と別れ、ヨープという名の画家とつきあい始めていた。

ジャクリンは芸術に目がなく、小難しい男に強く惹かれる傾向があった。「小難しい」とは、雄弁で機知に富み、社交辞令なしでいきなり知的な会話を始め、話し出すと熱くなるが、彼女の魅力に気づいてようやく興奮からさめるような人――そういう人をオランダ語では sterk in je schoenen、つまり、「自分の靴をしっかり履く人」と表現する。マッチョな男ではなく、毅然としていて、意志が強く、はっきりした意見を持っている男性が好きだった。

アドリアーンと一緒になる前、ジャクリンは建築家と結婚していたが、最初の夫も支配欲が強く不誠実だった。だから、彼女がＡＭＣエイズ病棟の同僚――ふだんは物静かでシャイなくせに、短気で、表情豊かで、文学好きの医者――を好きになっていったことに友人たちは驚かなかった。ユップはアドリアーンのようにつむじ曲がりではないし、最初の夫ケーンみたいに彼女を支配しようとはしない。それでいて、情にもろく、知的で、文学に夢中で……まさにジャクリンの好みにぴったりだったのだ。

ユップとジャクリンは、お互いに響き合うものがあった。彼には情熱があったし、彼女は人の扱いがうまく、物事を管理する能力があったので、二人は名コンビを組んで病棟をきりもりした。一九九〇年に、オランダ政府はＡＭＣに資金を提供し、国立エイズ治療評価センター（National AIDS Therapy Evaluation Center、以下、ＮＡＴＥＣ）およびウイルス学的評価ユニットが設立された。ユップはＮＡＴＥＣの所長となり、エイズ治療拠点に認定された国内二〇カ所の病院から研究結果を受け取り、調整にあたることになる。ジャクリンは組織のまとまりを維持するための潤滑剤の役目を担った。

ユップはプロとして有能な医者でありながら、感情を見せることを恐れない。父親に似て、自分の気持ちを抑えておくことができないたちなのだ。彼のそういうところをジャクリンは好ましく思った。患者と研究室を忙しく往復しつつも、ときおり涙をぬぐいながら病室から出てくる彼の姿を、彼女は見かけていた。患者たちの苦しみに接すると、ユップは胸がいっぱいになってしまうのだった。

一方で、ユップはだんだん扱いづらい医者になっていった。エイズ研究資金が足りないと病院の経営陣に腹を立て、彼らをバカ者呼ばわりして、「あなた方の目はふしあなだ。我々がここでやっている仕事がいかに重要か、まったく見えていない」と、怒り任せの手紙を書いて送りつけた。

「あの医者はいったい何様だと思っているんだ？」経営者の一人は、手紙をわしづかみにして振りまわし、唾を飛ばしながらスヴェンのオフィスに怒鳴り込んできた。スヴェンはその都度、何とか相手をなだめて傷口に蓋をしたが、ユップが次の喧嘩をふっかけるまでの応急処置にしかならなかった。

また、ユップは手紙を出す前に上司の同意を得ようと思い、書いたものをスヴェンに見せに来ることがあった。スヴェンはそれを読んで、「ユップ、こんな手紙を出すわけにはいかない。きみが言っていることは全部正しいが、これを送ったら、この病棟はおしまいだ」と言うほかなかった。それでも、ユップは手紙を送ってしまうのだった。

◆◆◆

一九八七年の春、ＡＭＣエイズ病棟に希望が訪れた。薬のカプセルが届いたのだ。半分は白、もう半分は空色、その境はネイビーブルーのバンドで仕切られており、前脚を一本上げた黒馬が印刷されている。

ＡＺＴというこの薬は、一九六〇年代にジェローム・ホーウィッツがミシガン州の研究室で開発した抗癌剤だった。魚の精液をもとにつくられ、試験管内では見事に癌細胞を殺してくれた。しかし、白血病のマウスに注射しても何の効果もなかったため、ＡＺＴは期待外れだったとして、ほかの失敗作と一緒にお蔵入りになったのだった。

ところがその二〇年後、ＮＩＨの研究者たちは再びＡＺＴを出してきて、今度はエイズ患者の血液で試してみた。薬は製薬会社バローズ・ウエルカムが提供することになり、試験用の薬がつくられた。それは「コンパウンドＳ」と呼ばれた。

科学者たちは、この薬が、ＨＩＶの逆転写酵素によりＲＮＡがＤＮＡにつくり変えられるのを阻害することを発見した。

この薬を飲むと、ＡＺＴは体内でヒトのＤＮＡの構成因子であるチミジンによく似た分子に変わる。つまりＡＺＴはチミジンに成りすますのだ。するとＨＩＶの逆転写酵素は騙され、ほんもののチミジンの代わりにＡＺＴを使ってしまう。しかし、ＤＮＡの鎖にＡＺＴが加えられると、鎖がひっかかる。そこにさらに塩基を追加することができなくなり、ＨＩＶもつくられなくなるというわけだ。

これは、理論上はすばらしい発見だが、人間に対する効果は試してみなければわからない。そこで、マイアミ大学のマーガレット・フィシュルは、一九八六年の二月から六月にかけて、ＨＩＶに陽性反応を示した二八二名を対象に、ＡＺＴの臨床試験を行った。ただ、バローズ・ウエルカムの製造が追いつかなくて、治験はあやうく遅れるところだった。薬をつくるための魚の精子が十分に確保できなかったのだ。

治験はアメリカの一二の病院で実施された。患者の半分はＡＺＴを、もう半分は糖でできたプラシーボ（偽薬）を与えられた。また、どの患者がどちらの薬を飲んでいるのか、患者側にも医者たちにもわからないようにする、二重盲検法がとられた。

参加者は四時間おきに鳴るポケットベルを支給され、それを合図に薬を服用した。持ち主がコンサートホールにいようが寝室にいようが、休憩時間でも深夜でもかまわずベルが鳴った。

この治験は六カ月続く予定だったが、四カ月たったところで、プラシーボを飲んでいた患者一九人が死亡した。また、ＡＺＴを飲んでいた患者も一人死亡した。これを受け、独立審査委員会がそれまでのデータを調べ、プラシーボを与えられたグループからこれほど多くの死者が出ている以上、治験の継続は倫理上問題があると指摘した。そのため、治験は四カ月で中止され、ＡＺＴをまる六カ月間服用したのは、一五人だけだった。

この新しい薬の登場は、トンネルの先に光が見えたかのように受け取られ、家庭や病院、そしてバローズ・ウエルカムの事務所で、祝杯が挙げられた。ついに、この恐ろしい病気で苦しんでいる人々に希望が訪れ、医者たちには処方できる薬が登場したと思われたのだ。

通常、新薬がさまざまな検査を経てＦＤＡ（米国食品医薬品局）の基準に合格するまでには、約一〇年かかる。まず三段階の臨床試験が行われ、それらに関する検討会が開かれる。治験データを一般公開し、意見や質問を受け付ける期間も設けられている。

ところがＨＩＶはこれを塗り替えた。ＡＺＴはたった二年で実験室を後にし、薬品の棚に並ぶようになったのである。フィシュル博士の研究結果が『ＮＥＪＭ』誌に発表される四カ月前の一九八七年三月、ＦＤＡはＡＺＴを正式に認可した。

ただ、その治験結果は全面的な評価を受けたわけではなく、ＡＺＴを夢の治療薬扱いすることに懐疑的な者もいた。彼らによると、プラシーボを飲んでいたグループのうち、七五人はエイズ患者で、その全員がニューモシスチス肺炎を発症していた。そして患者の一部は、この肺炎が原因で死亡している。そこで、医者や活動家の中には、治療が可能なはずの肺炎で患者が命を落としているのはおかしいと言いだす者もいた。研究結果に記されている死亡原因と、ＦＤＡに提出された死亡原因が異なることにも、疑問の声があがった。ある患者などは、死亡原因はたんに「エイズ」と書かれ、病理解剖も行われていなかったのである。

活動家や報道関係者は、情報公開法に基づいて、治験の詳細を公開するよう求めた。その結果、飲まされている薬の味から、ＡＺＴなのかプラシーボなのかを見分けている患者もいたことが判明した。何とか助かりたいという思いが強く、参加者どうしで薬をこっそり交換し、全員が少しでもほんものの薬にありつけるようにしていた、との実態も明らかになった。

また、ＡＺＴを投与された患者の多くが、くり返し輸血を受けていたことを示す記録も出てきた。薬が骨髄にダメージを与えていたからだ。感染症を専門とし、ニューヨークで活動する南アフリカ出身のジョゼフ・ソナベンド博士は、この研究結果に対する批判をまとめ、『ＮＥＪＭ』誌のほか、全米トップの医者たちに送った。しかし、いっさい反応はなかった。医者たちは治療薬ほしさのあまり、安全性に対する科学的検証の基準を下げてしまっている、と博士は指摘した。

ソナベンドのほかにも、患者にあれほど高濃度のＡＺＴを投与したことに疑問を唱える者が少なからずいた。ＡＺＴの毒性が強すぎることを懸念する声も聞かれた。これに対し、治験を実施している科学者たちは、問題となっている「副作用」はエイズが原因であり、ＡＺＴのせいではないと主張した。なお、のちの実験では、ＡＺＴは治験当時の用量の半分でも効果があることが証明された。

ＡＺＴの臨床試験に関しては、ユップも自分なりの疑問を抱いていた。それに、治療薬が一つ見つかっただけで、これほど大騒ぎするのもおかしいと思った。この薬だけでエイズと闘えると思ったら大間違いだ。それに副作用があまりにひどすぎる。

ＡＺＴの問題点の一つは、ＨＩＶのＤＮＡを妨害する一方で、人間のＤＮＡも混乱させてしまうことだ。治験でＡＺＴを飲んでいた患者は、めまい、倦怠感、頭痛、吐き気、筋肉痛などの症状を訴えた。血液細胞がつくられる骨髄にＡＺＴが作用して、造血機能を阻害するため、患者は貧血で具合が悪くなっていたのだ。副作用がきつすぎて、薬の服用をやめてしまう患者もいるほどだった。

ほどなくして、ＨＩＶに対抗する薬が新たに二つ開発された。[訳注1] どちらも逆転写酵素を阻害するという意味ではＡＺＴと同種の薬だが、一九九一年にジダノシンが、一九九二年にはザルシタビンが承認された。ザルシタビンを服用した患者の三人に一人は、神経系に不調をきたし、手足の指のしびれを訴えた。ジダノシンを服用した患者四人に一人にも、同じ症状が出た。また、両方の薬で、口内や食道内の潰瘍、下痢、頭痛、膵炎などを引き起こす例も報告された。

それでもなお、新薬の登場を大歓迎する風潮が蔓延していた。少なくとも、これでいくつか選択肢ができたのだ。それに、少なくとも、死まで多少は時間が稼げる。

ユップはこの歓迎ムードには同調しなかった。効果があるとわかっても、薬による一つの作用に飛びつくのは愚かだ。確かに患者たちは苦しんでいるが、ＨＩＶを一種類の薬だけで治療しようとしたら大失敗する、と彼は主張した。結核のときがそうだった。最初は一つの薬で治せるように見えたが、菌のほうがすぐに薬に適応し、裏をかいてきたではないか。

結核との闘いを通じてわかったのは、手ごわい感染症を克服するには、数種の薬剤を併用するのが望ましいということだった。それなのに、なぜＨＩＶを一種類の薬だけで攻撃しようとするのか。もっと多様な治療薬が発見されるまで待って、効き目のある「薬のカクテル」を患者に与えるべきだ。ユップはどうかしている、と彼の同僚たちは思った。

◆　◆　◆

ある晩のこと、ユップの患者リュートが電話をかけてきた。電話口の向こうで激しく動揺している。彼のパートナー、ラウルは、オランダでＨＩＶ感染の診断を受けた後、家族のそばにいたいと言い、故郷のメキシコシティに帰っていた。しかし、ラウルの家族から電話があり、大変なことになってい

訳注１　世界最初のエイズ治療薬となったＡＺＴ、ジダノシン、ザルシタビンの三薬は、当時ＮＩＨに留学中だった日本のウイルス学者、満屋裕明らにより開発された。

るらしい、とのことだった。

家族が言うには、ラウルの様子がおかしい。攻撃的で、興奮状態になっていて、医者に連れて行こうとしても嫌がる。それを聞いたリュートは、電話を切ってすぐにユップに連絡した。「どうしても彼を迎えに行きたい。でも、一人で行くのは怖い」。リュートはそう言った。

翌日、二人はメキシコシティ行きの飛行機に乗った。ちょうどそのとき、メキシコでサッカーのワールドカップが開催されていたので、ラウルと同じホテルにスペイン代表チームも泊まっていた。ユップとリュートは人混みをかきわけ、厳重な警備態勢の中を通り抜けて、ラウルの部屋にたどり着いた。

見ると、白いウェディングドレスを着たラウルが長いレース生地をひきずって、部屋の中を行ったり来たりしている。歩きながら、オランダ語とスペイン語で、ぶつぶつわけのわからないことをつぶやいている。壁ぎわには、シャネル「5番」の香水が何十箱も積まれていた。

二人はラウルを落ち着かせようとしたが、ラウルは興奮した様子で「エイズの薬を発見したんだ」と言う。そうかと思うと、いきなり白いサテンのドレスの裾を腰の上までたくし上げて、トイレに駆け込んだ。彼は、エイズ関連の認知症だけでなく、ひどい下痢になっていたのだ。

リュートはラウルをなだめながら、何とかウェディングドレスを脱がせて、楽な服に着替えさせた。それでも、持ってきた薬を飲ませることはできなかったので、ユップはそれを注射器に移した。

ユップたちは、「これはビタミン剤だ、打てばエネルギーが満タンになる」などとごまかして説得した。すると、ラウルがその気になって腕を出したので、ユップはすかさず注射した。「ビタミン剤」は、実は鎮静剤だった。対応を考えるには、ひとまずラウルを眠らせるしかなかったのだ。

ユップは、ラウルをアムステルダムに連れて帰れば、命は助かると確信していた。アムステルダムには、優秀な神経科や精神科の医師がそろっている、とリュートに告げた。それに、医師たちはHIVで脳がやられた若い男性を多く診てきている、と。

それにしても、どうやって空港まで連れて行けばいいのか。仮に連れて行けたとしても、一三時間のフライトに耐えられるのか。大西洋の上空あたりで覚醒し、シャネルの5番の香りを振りまきながら、通路で踊り狂うかもしれない。革命的なエイズの治療法が見つかったと、ビジネスクラスの客に吹聴してまわるかもしれない。

リュートがラウルと休んでいるあいだに、ユップは書類かばんに入れて持ってきた用紙にぱらぱらと目を通し、診断書のようなものを一通作成した。ラウルはアムステルダムで緊急治療を必要としており、飛行機に乗ることを医師が許可する、との内容だった。

ラウルが目を覚ましたので、ユップはもう一発「ビタミン剤」を打って彼を眠らせ、タクシーに乗せて空港に向かった。

空港の出国管理官は、診断書から目を上げ、三人をじろじろ見て、もう一度診断書を見やると、それを折りたたみ、通ってよいと手で合図した。機内ではユップとリュートがラウルを間にはさんで座った。ラウルはだらりと頭を垂れ、口を開けている。ユップは四時間おきにラウルに鎮静剤を打った。

しかし、ほかの乗客に気づかれた。皮下注射器の針や薬剤のアルミのキャップが光るごとに、乗客が首を伸ばしてのぞいてくる。ぐったり寝たようになっている顔色の悪い男性が、怪しげな二人組にもたれかかり、何度も注射を打たれているではないか。だれかが客室乗務員を呼んで文句を言った。

「殺そうとしてるぞ！」と叫ぶ者もいた。

「違います」ユップは憤る乗客たちに説明した。「患者の恋人の命を救おうとしているだけだ」

メキシコでユップの助けを求めた者が、もう一人いた。オランダのラジオ局VARAのレポーターで、アメリカのナショナル・パブリック・ラジオの特派員として働いていたハン・ネフケンスは、一九八七年にＨＩＶに感染していると診断された。

ハンは、あるホメオパシー医を通じて、それを知ることとなった。あるとき、ハンは咳が出て胸が苦しくなり、おそらくメキシコシティのスモッグが原因だろうと考え、ホメオパシー医を訪ねた。茶色のサンダルをはいたオランダ人のホメオパシー医は、ハンに向かって、血液検査をする必要があり、特にＨＩＶの検査を受けるべきだと強く言った。

「なぜです？」とハンは聞いた。「ぼくがゲイだから？」

念のために調べたほうがいい、とホメオパシー医は言う。

「わかりました。先生がおっしゃるなら検査を受けますが、絶対に陰性ですよ」

ハンは結果を見ても信じられなかった。二度目の検査で再び陽性反応が出るまでは。

メキシコシティの医者たちは、自分たちにできることは何もないと言った。ＡＺＴはアメリカのＦＤＡが承認したが、メキシコシティでは手に入らない。そこでハンはアメリカに飛び、ヒューストンのモントローズ・クリニックで診察を受けた。医者たちは彼の血液中のＴ細胞の数を調べた。その数値をみれば、免疫系がどれくらい弱っているかがわかるのだ。

彼の血液一立方ミリメートルあたりのＴ細胞数は、四四〇個。標準値である五〇〇個以上には満たないが、それほどひどい結果ではなかった。ハンはＡＺＴを飲み始めた。それは、彼にとって大きな前進だった。現実を受け入れ、自分の状態を日々確認することになるからだ。ただ、数々の副作用が出る可能性は彼を不安にした。今のところ、倦怠感にあったが、それだけだった。でも、ＡＺＴのせいで具合が悪くなったらどうすればよいのか。

ハンはＡＺＴを飲み続けたが、三カ月後にヒューストンで再検査を受けた結果、Ｔ細胞の数は三三〇個に減っていた。医者たちは、ＮＩＨで行われている臨床試験があると言った。患者たちにインターフェロンという治療法を実験的に試しているというのだ。

ハンはその治験に参加するかどうか決めかねていた。そこで友人に話し、オランダの医者に相談したらどうかと言われ、アムステルダムに戻って、ユップに会うことになったのだ。

「臨床試験に参加するのはやめなさい」。一九八八年四月の最初の診察で、ユップはそう言った。

ハンは、ユップのはっきりした物言いに驚いた。

「治験への協力を申し出るお志は尊いのですが、インターフェロンを飲めば、今よりもっと具合が悪くなりますし、ウイルスには効きません」

ユップはありきたりの気休めを言わず、何の約束もせず、真実だけを語った。また、臨床試験がいかに手探りの治療であるか、正直に話してくれた。ハンはユップの率直さと、知識の限界を隠さず認める姿勢に、思わず緊張がほぐれた。それは、生涯続くことになる友情のはじまりだった。

それから一〇年以上が過ぎ、ハンはバルセロナで病床についていた。脳が腫れ、白目を剥いてふせっているハンを救おうと、ユップはアムステルダムから飛行機で駆けつけた。病院に到着するやいなや、ユップはハンを運び出し、空港に向かうと、その日のうちにアムステルダムに戻る飛行機に乗った。その瞬間、ハンは命拾いしたと思った。ユップに任せておけばもう安心だ。きっと命を守るために闘ってくれる、と。

◆　◆　◆

ユップの考えは正しかった。ＨＩＶを一つの薬に頼って治療する試みは大失敗となった。確かに患者によっては、その薬のおかげで数カ月、ときには一年間の時間を稼ぐことができた。しかし、一八カ月たたないうちに、ウイルスは薬への耐性を持つようになってしまったのだ。

一つの薬でウイルスの特定の部分だけを狙って攻撃しているうちに、HIVは敵の素性を学習した。そして、生き残るために進化したのだ。複製によりみずからのコピーをつくるたびに、ウイルスは少しずつ異なる粒子をつくっていた。その中から、薬を克服するのに最も適した粒子が選ばれ、複製されていった。これぞ適者生存であり、いちばん強いものだけが生き残っていったのである。

ユップの研究室の同僚、チャールズ・ブーシェ博士は、まさにウイルスがどうやって薬に対する耐性をつくっていくかを研究していた。彼はルールの実験対象だった男性群のうち一八人の血液を調べた。全員がAZTを処方されていたが、薬の毒性が強いため用量を減らしている患者も数名いた。

チャールズは、AZTがブロックするはずの逆転写酵素の遺伝子が変異していることを突きとめた。ウイルスは、酵素の四カ所で変異を起こすことで、AZTから身を守っていたのだ。

男性たちの血液を四カ月ごとに調べていくうちに、ウイルスはときどきAZTが効かないタイプに変異したかと思うと、またもとの状態に戻ることに彼は気づいた。そのまま観察を続けると、また変異が見られた。HIVは常時姿を変えながら、いちばんバレにくい変装はどれか、試しているかのようだった。

また、症状が重くなる前にAZTを飲み始めた患者に比べて、より重病の患者のほうが、早く薬への耐性ができることもわかった。

さらに、男性たちの血液には、一時に、それぞれに違った変異をとげた何百万個ものウイルス粒子が充満していることも発見した。患者たちの体内では、AZTとウイルスとの闘いがくり広げられ、ウイルスはAZTに対抗するために変異し続けているのだった。

一方、病棟ではスヴェンとユップのあいだに緊張が高まっていた。二人はお互いに心から尊敬し合っていたが、話すたびにエゴのぶつかり合いになった。ある日、二人はコーヒーを飲みながらそのことについて意見を交わし、これ以上一緒に働くのは難しいということになった。「きみに望み通りのスペースと自由を確保してやることは、私には不可能だと思う」とスヴェンはユップに伝えた。

ユップは病院がどんどん息苦しくなっていくように思えた。四人目の子マルタが生まれたばかりで、仕事に対する意欲はますます強くなっていた。また、ヨーロッパやアメリカの各地に足を運び、彼と同様、この新しい流行病の最前線にいる医師や科学者たちに会いに行くようになっていた。

彼が苛ついていることは、職場のだれの目にも明らかだったので、AMCを辞めると発表しても、さほど驚かれなかった。ただ、ユップが次にどこを目指しているかを知ると、みなショックを受けた。学生や研究者たちは、階段の踊り場で、あるいは顕微鏡ごしに頭を寄せて、ひそひそと噂した。

「聞いたか？　信じられないよ！」

「あんなところで長続きするはずがないぞ。彼のあの気の短さじゃ」

スヴェンは、その知らせを聞き、内心ほっとしていた。自分はユップと距離をあける必要を感じていたし、ユップが転職先を探していることも知っていた。しかし、そのスヴェンでさえ、ユップの行き先を聞いて驚いた。

オランダのいくつかの大学から電話がかかり、ユップをアムステルダムから引き抜こうとしているのは聞こえていた。ユップはそれを断っていた。製薬会社が彼をフルタイムの医療アドバイザーとして雇いたがっているという噂もあった。彼はそれも断っていた。

ユップは家族を残してオランダを離れ、だれも想像ができないような場所に行く決意をしていた。彼はもうアムステルダムに帰って来ないのではないかと、だれもが思った。

第五章　異色の官僚

　街へ向かう道路に沿って、棺桶が並んでいた。素足の男たち、女たちが、錆だらけのトラックやトタン屋根の小屋から棺桶を呼び売りしている。マホガニー色の棺のとなりには薄茶色の木の棺が置いてあり、蓋には十字架が丁寧に刻まれている。いちばん安いのは厚みのないボール紙の棺だが、葬式中に突然底が抜けて遺体が転げ落ちるといういわくつきだ。頑丈な木でできていても、一メートルに満たない小さな棺もある。ニスも塗られていないし、何の表示もない。

　白い車は、棺桶売りや、道端で草を食べているヤギや、ゴム草履をはいて自転車に乗る子どもたちを通り越していく。ユップは車の窓から外の景色を追っていた。青々と生い茂る草木、赤い大地、金切り声をあげる子どもたちが、目に飛び込んでくる。間もなく雨季を迎える八月、カンパラの上空には、期待を含む重たい空気が垂れこめていた。

　ユップの新しい職場、世界保健機関（ＷＨＯ）での仕事が正式に始まるのは九月からだったが、それまで待っている余裕はない。一九九二年八月、間もなく上司になる人から電話がかかり、ユップはウガンダに派遣された。東アフリカには危機が迫っていた。

　ＷＨＯはエイズの初動対応をしくじった。何の対応もしなかったのだ。ＷＨＯの幹部は、一九八三年にいたるまで、エイズ問題の存在を正式に認めていなかった。その年の機関内部のメモでは、そのような流行が起きていることを確認しつつも、ＷＨＯが世界のエイズ対応に参加する必要はないとされていた。その理由は、この病については「世界の最も裕福な国々によって十分対応がなされており、それらの国では人材もノウハウも充実している。また、患者のほとんどが、それらの国に集中している」ということだった。

それから二年後、エイズウイルスが世界のあらゆる地域に広がっているにもかかわらず、ＷＨＯのハルフダン・マーラー事務局長は科学者や医療関係者に対し、流行の広がりを懸念する必要はないと伝えた。当面はエイズもほかの公衆衛生上の問題の一環として注視するよう示唆したのである。

その翌年、マーラー事務局長は、自身のこれまでの対応は間違っていたと認めた。「私が相当な過小評価をしてしまっていたことは確かだ」。彼は報道陣に対してこう言った。「エイズに関しては、事態は悪化する一方だが、我々はみなそれを軽く見すぎていた。特に私自身が……少し様子を見よう、一部で騒がれているほど大きな問題ではないのではないかと思ったのが大間違いだった」

ユップがアムステルダムの研究室からジュネーブの事務所に移ったころには、すでに一四〇〇万人がＨＩＶに感染し、一〇〇万人近くがエイズで命を落としていたが、感染者はまだまだ増える一方だった。

アメリカでは、およそ一〇〇万人がＨＩＶ陽性となり、エイズは二十代半ばから四十代半ばの男性の主な死亡理由となっていた。マイアミ、シカゴ、オースティンなどでは、街の灯りを暗くして、エイズによる死者を追悼した。ヨーロッパでは五〇万人、アジア全体で三〇〇万人、ラテンアメリカとカリブ地域でも一五〇万人が感染していた。

しかし、エイズが最も強固な足がかりを築いたのはアフリカのサハラ砂漠より南の地域だ。そこに暮らしている人は世界の人口のわずか一〇パーセントにすぎないが、ＨＩＶ感染者の数は九〇〇万人にのぼっていた。南アフリカをはじめとする国々では、貧困、人種差別、植民地支配と戦争の爪痕が、感染の広がりに拍車をかけ、一分に一人がエイズで死亡していたのである。

ウガンダは、ユップにとって初めてのアフリカだった。また、ＨＩＶによる破壊が皮膚細胞や肺組織以外のものにもおよんでいくさまを目の当たりにするのも初めてだった。ここではＨＩＶは集落をまるごと抹殺し、家族をばらばらに引き裂き、通貨価値さえ下落させている。

運転手は、エンテベ空港から街に向かう途中、ビクトリア湖周辺の植物園や小石の湖岸沿いを通った。湖岸の地域では、お腹をすかせた子どもをかかえて金に困った女性たちが、漁師に体を売って魚をわけてもらっていた。また、ウガンダの幹線道路沿いの埃っぽいモーテルが中継点となり、ウイルスはトラック運転手の血液にも潜り込んで移動していた。

ウガンダ人の三人に一人は「スリム病」を患っていた。エイズになると肉が落ち、みるみるやせていくことから、現地の人はエイズのことをこう呼んでいたのだ。[訳注1] 患者のほとんどは母親であり父親だった。みな二十代、三十代の若さで亡くなり、国じゅうで孤児と途方に暮れる祖父母ばかりが生き残っていた。

死にゆく者と絶望には、ハイエナどもが寄ってくる。喪に服す人を押しのけ、人々の悲嘆を食い物にして、手っ取り早く自分たちのポケットを潤そうと目をぎらつかせる。特に、伝染病が起きると必ず現れるのが、魔法の薬を売ってまわるいかさま師だ。道端に座ってヨードチンキで小銭を稼ぐ者もいれば、ピカピカのスーツ姿で祈祷を商売にする者もいる。しかしインチキ薬を売る輩のうち最も危ないのは、科学者や政治家の仮面をかぶっている者だ。白衣や肩書で自分たちの欲を覆い隠しているからだ。

一九九〇年に、あるケニアの科学者が奇跡のエイズ治療薬を発見したと発表した。当時ケニア中央医学研究所（ＫＥＭＲＩ）の所長だったデイヴィ・コエチ博士は、何百人ものエイズ患者に、ケムロンと呼ばれる薬を浸したウエハースを与えた。そして、満面の笑みを浮かべ、これは魔法の薬だと言った。

コエチ博士によれば、このウエハースを食べた患者は体重が増え、体力が増す。エイズの症状は消え、一〇週間の治療後ＨＩＶ検査で陰性になった者もいるというのだ。彼は、自身の研究成果をまず『イースト・アフリカン・メディカル・ジャーナル *East African Medical Journal*』誌に発表し、さらには、論文審査のあるアメリカの専門誌、『ジャーナル・オブ・モレキュラー・バイオセラピー *Journal of Molecular Biotherapy*』に論文を投稿した。そこには、たった六週間ケムロンを服用しただけで血液からＨＩＶが消えた患者が八人いると記載されていた。

噂はまたたく間に広がった。ケニアには世界じゅうから患者が集まり、大金をはたいてケムロンを買い求めた。「薬を買うためなら何だってするという人もいたわ」と、ある若いケニア人の女性が取材した記者に話した。「家さえ売ってしまうし、薬のためなら手段を選ばないみたいよ」

ナイロビの病院の外で、三二歳の男性が札束とケムロンの処方箋を振りかざし、ケムロンは無料でもらえると医者に聞いてきた、と言った。「それなのに今は一錠一〇〇シリングだって。俺が持っている四〇〇シリングじゃ、四日分しか買えないじゃないか」

薬の発表から数日のうちに、ケムロンまがいの偽薬がウガンダやケニアで売られ始めた。闇の業者

訳注１　医学上の病名はＨＩＶ消耗性症候群。

や詐欺師たちの騙し合いが横行していた。

しかし実はケムロンは新薬でもなければ、デイヴィ・コエチが発見したわけでもなかった。ケムロンは、感染と闘うときにヒトの体内で生じるインターフェロンαという物質の別名なのだ。高濃度のインターフェロンαを注射するとネコの白血病に効果があることはすでに知られており、一九七〇年代にはテキサス州の白人獣医師、ジョセフ・カミンズによって、内服薬も製剤されていた。もとはといえば、カミンズはウシの呼吸器系疾患の治療のためにこの薬を開発した。そしてこの薬をコエチに提供したのも、実はカミンズである。二人は、カミンズが家畜の調査のためにケニアに渡った一九八九年に出会っていたのだ。おそらくそのとき、カミンズは悪性黒色腫を発症した義母にウシの鼻の粘液を与えたことを、コエチに話したのであろう。彼は実験によりウシの粘液にインターフェロンが含まれているらしいことを知って、それを義母に試したところ、実際に治療に成功していたのだ。

ＨＩＶの世界でも、インターフェロンαはすでに知られていた。アメリカでは一九八〇年代にカポジ肉腫の治療法として承認されている。病斑を消すためには、高濃度のインターフェロンを皮下注射する必要があった。これに対し、コエチは少量を内服するだけでＨＩＶが消えると主張したのである。

その数年前、アメリカの科学者も同じことを思いつき、ＮＩＨのある研究グループが、インターフェロンαをＨＩＶの治療薬に使う可能性を試すため、臨床試験を開始していた。ＡＺＴが承認されてからは、ＡＺＴとインターフェロンαの比較実験も始めた。しかし実験がまだ途中の段階で、コエチがみずからの目覚ましい研究結果を発表したのだった。

科学者たちは彼の論文を読み、特に実験方法に注目した。そして、コエチが抗ＨＩＶ薬としてすでに知られているＡＺＴとの比較を行っていないことに気づいた。また、プラシーボ群も設定していなかった。よって実験結果は信頼できないということになった。

一方、コエチはみずからの実験の正当性を主張し、ケニア政府がそれを後押しした。彼はまた、少量のインターフェロンαをしみ込ませたウエハースをエイズ患者に与えたのは自分が初めてで、この発明の特許を取るつもりだとも述べた。これを聞いたカミンズは、訴訟を起こすと言いだした。

しかしケムロンはもはやただの薬ではなかった。ケニアにとって国の誇りであり、アフリカ人による科学の業績を象徴するものとなっていたのだ。たとえ薬の効果について十分な証拠が示されていないとしても、エイズが蔓延している国の科学者による輝かしい発見として、讃えられた。西側の国からケムロンに対する疑念の声が少しでもあがろうものなら、黒人の成功を抑圧しようとする人種差別的な言動と見られてしまうのだった。

エイズが黒人男女の第一の死亡原因となっていたアメリカでは、黒人イスラム運動組織、ネーション・オブ・イスラムが、HIVの治療薬としてケムロンを歓迎した。組織が発行する『ファイナル・コール』紙は、AZTは毒であると伝えた。そして社説ではWHOを非難した。WHOはアフリカでHIVを意図的に広めたうえ、治療薬を発見したアフリカの科学者を検閲していると主張したのである。またネーション・オブ・イスラムは、白人メディアがケムロンに関して報道しないのは「沈黙の申し合わせ」であるかのような言及もした。

「差別的な白人の新聞」は「密かにこの目覚ましい発見を〔無視している〕」と書いたのは、アメリカで最も古い黒人の新聞の一つ『ニューヨーク・アムステルダム・ニュース』紙だ。そこには、ケムロンが無視されるのは、黒人科学者が「白人の科学者や研究者を差し置いて、エイズの効果的な治療法や薬を思いつくはずがない」と白人たちが考えているからだ、と書かれていた。

かつてネーション・オブ・イスラムの指導者ルイス・ファラカンのスポークスマンも務めた医師、アブドゥル・アリム・ムハンマドは、ワシントンDCの診療所において低用量のインターフェロンα

による治療を行うために、国から二〇万ドル以上の補助金を受けている。一九九五年にヒップホップグループN・W・Aのラッパー、イージー・Eがエイズと診断されたときは、ムハンマド医師が彼に薬を提供した。ロサンゼルスの病院に届いた薬を飲んで、イージー・Eは急に元気になったと友人たちは言った。その数週間後、彼はエイズで亡くなったのだが。

この一見魔法のような治療薬が話題になるにつれ、インターフェロンαの効果を検証し、それについてWHOがとりあえず何らかの発表をすべきだとする意見が強まった。アメリカのエドワード(テッド)・ケネディ上院議員が、WHOの職員に宛てて、早く検証を行うよう促す手紙を出したほどである。ケニアの大統領がケムロンの有効性を公的に宣言してから数カ月たった一九九〇年一〇月に、デイヴィ・コエチはジュネーブに向かった。そしてWHOの専門家との話し合いの結果、インターフェロンαはまだ実験段階にあり、HIVに対する効果は証明されていないとする声明が出された。またWHOは、独自に試験を実施すると表明した。

これにはケニア政府は不服だった。ダニエル・アラップ・モイ大統領は、ケムロンは大勢のエイズ患者を治し、死の縁から救ったのだと発表した。さらに副大統領も、国内の工場でケムロンの生産を始め、この奇跡の治療薬が多くの患者に届くようにすると述べた。その間も、絶望と貧困のただなかにいるHIV患者たちは、相変わらず家財を売り払い、なけなしの金をはたいて、ケムロンを買い求めていたのである。

ユップのWHOでの最初の任務は、このケムロン騒動を収束させることだった。機関の職員は、ジンバブエ、ザンビア、ウガンダの三カ国において、六〇〇人の患者を対象に薬の試験をすることを望んでいた。しかし、ジンバブエとザンビアでは患者が集まらなかったため、ウガンダの医師エリー・カタビラに、彼が勤めるカンパラの病院で六〇〇人の患者を集められるか尋ねた。もちろん、とエリーは答えた。エイズ患者ならいくらでもいるから問題ない、と言う。

ユップは空港を出発してから一時間あまりでエリーの病院に着いた。ムラゴ病院は、エリーが教鞭をとるマケレレ大学の南側の丘の上に建っていた。ベッド数は九〇〇床近くあり、ウガンダでいちばん大きい病院だ。一九八七年四月一〇日、何千人ものウガンダ人がＨＩＶに感染しているとわかったとき、エリーは院内のポリオ病棟の一室を空けて、そこをエイズ専用の診療所にした。彼は、ちょうどウガンダでエイズの大流行が起き始めた一九八五年にイギリスから帰国し、それ以来、ウガンダを代表するＨＩＶ専門の医師・研究者となっていたのだ。

ユップを乗せた車が丘を登り、何棟かの古い医療施設に囲まれた六階建ての病院に近づくと、エリーはその白いレンガ造りの建物の外で出迎えた。車のドアが開き、細長い脚が二本現れた。ユップは車を降り、シャツのしわを伸ばし、髪の毛をなでつけた。そしてＷＨＯの同僚、ヨス・ペリアンスをエリーに紹介した。

エリーはユップよりも五、六センチ背が低い。がっちりした体に、四角いあご、笑うと歯の間に隙間が見える。彼は到着した二人と握手を交わし、病棟に案内した。

漂白剤と腐敗の臭いが漂っていた。部屋には熱気がこもり、よどんだ空気が死者を覆う布のように肌にまとわりつく。空調はない。一人用のベッドに二、三人ずつ寝かされており、その重みで、患者がうめき声をあげるたびに金属製のフレームがきしむ。ベッドとベッドの隙間にも、死人のようにやせ衰えた男女が寝かされ、弱々しくすすり泣いている。骨ばった胸に赤ん坊を抱く女性もいる。患者たちは痛みに泣き叫び、助けを求めていたが、スタッフの数が足りていない。ごくわずかだが、身内に看病してもらっている患者もいる。ひたすら便器を空けにいき、病人の頭をなで、どんよりした目をのぞきこみ、少しずつ水を飲ませる家族の姿もあった。

病棟には清潔な水もなければ、手袋もないし枕もない。金銭の余裕がある患者たちは、自宅からシーツや毛布を持参していた。ユップは必死に涙をこらえた。男性の数と同じくらい女性や子どもの患者もいるエイズ病棟を見たのは初めてだった。

エリーの後について、病棟を通り、外来患者の診療所に向かう。そこでは赤ん坊を背中にくくりつけた女性が待っていた。その女性は衣服をまくり上げ、膣と肛門の間にある深い傷を見せた。腫瘍ができ、皮膚の下の肉までえぐれている。腫瘍の中は白く、周りは真っ赤に炎症を起こしている。ヘルペスだ。エイズがその女性の免疫系を壊し始め、彼女の抵抗力が弱くなるにつれ、腫瘍はどんどん大きくなっているのだ。

ユップはオランダでもヘルペスの症状が出たエイズ患者は何人も診てきたが、腫瘍がこれほど大きく深くなっているのを見たことがなかった。当然、彼女には鎮痛薬とヘルペス治療薬のアシクロビルが処方されるだろうと思って診察の様子を見ていたが、エリーはどちらの薬も持ち合わせていなかった。女性は手ぶらで病院を後にし、ユップは無言でそれを見守った。自分が目の当たりにした痛みと理不尽に、ただ呆然とした。そして、ついに涙をこらえきれなくなった。

ユップのウガンダでの任務は、インターフェロンαの研究を調査することだった。エリーの研究チームは、五五九人の患者を募り、無作為に二つのグループに分けた。第一グループの患者には、低用量のインターフェロンα薬を経口投与し、第二グループの患者には、プラシーボとして糖の錠剤を与える。調査は二重盲検法で行われた。

試験の進行状況を調べるため、ユップは血液やリンパ液のサンプルをたびたびチェックし、きちんと保管されているかどうか確認した。症例報告にも目を通し、記録が詳細かつ明確になされているかを確かめた。エリーはすべてをきちんと把握していた。

一緒に試験結果を確認しながら、ユップはエリーに胸の内を打ち明けた。自分は心構えができていなかった。人々がここまで苦しんでいるなんて。統計は見ていたが、人間の苦難がこれほどまでに深く、しかも広範囲におよぶことがあろうとは想像できなかった、と。エリーはうなずいた。

ケムロンに関しては、確かなことを言えるのに十分なデータがそろうまで、まだ何カ月もかかる。とはいえ、少量の薬でエイズが治るというデイヴィ・コエチの説に対し、ユップもエリーも、そんなうまい話があるはずはないと思っていた。ユップは、「ケムロンは高価な偽薬だ」と言い切り、死にかけているエイズ患者に薬を売りつける医者たちを罵った。

カンパラへの赴任、そしてエリーとの出会いは、仕事だけではなく、ユップの人生にとって大きな転換点となった。彼はもともとエイズとの闘いに情熱を傾けていたが、今後は何があってもアフリカのエイズ患者の苦しみを訴え続けると誓った。この地で目にする理不尽も不公平も、想像を絶するものだった。彼がウガンダに渡るまでに、すでに三種類の抗HIV薬――AZT、ジダノシン、ザルシタビン――が承認されていたが、ムラゴ病院の薬棚には、どれ一つ置かれていなかったのだ。

西洋での医療のあり方にユップは幻滅を感じた。ムラゴ病院から遺体が担架で運び出されるのを見るたび、アムステルダムの患者たちが、体がだるい、下痢がひどい、と泣き言を言い、数時間おきにAZTのカプセルを飲むのが面倒だと文句を言っていたことを思い出した。

ユップは、西洋のエイズ患者が不平を言っても二度と耳を貸すものか、と思った。「ここの実態を見てしまってからは、飲まなければならない薬の数が多すぎると文句を言う患者の面倒など見られなくなった」と、ユップは書いている。それから数年後、彼はまた故郷の患者たちの診療にあたることになるが、文句を言わない患者でなければ受け持つ気になれず、「実際に何人かには、ほかの医者を探せと言ってしまった」と告白している。

六〇週間がたち、結果が出た。ユップとエリーは、一九九四年にベルリンで行われた国際エイズ会議で、インターフェロンαの調査結果を発表した。その内容は、この薬はまったく効果がない、というものだった。「いずれの治療グループにおいても、HIVによる病の進行は絶えることなく続いた」と二人は述べた。インターフェロンαを投与したグループでは一〇八人、プラシーボのグループでは八三人が死亡した。

エイズ患者にとってケムロンは糖の錠剤にまさる効果すらないことが二人の研究により立証されたのだから、これで陰謀説もおさまるだろうとユップは期待していた。しかし、ネーション・オブ・イスラムは相変わらず「ケムロンは効く」と反論し、アメリカ政府が薬を無理やりやめさせようとしていると主張し続けた。

ユップはこの問題にからむ人種差別の要素について、直接言及した。「この調査は、アフリカでアフリカ人の調査官によって実施されました」と彼は報道陣に語った。「だから、低用量インターフェロンαへの批判が白人による人種差別にすぎないという説は、妥当ではありません。治験は、黒人の医者により黒人の患者に対して行われたのですから」

ところが、アメリカの活動家たちは、エリーの研究は信頼できないと言いだした。まさにアフリカ人によってアフリカで行われたから、あてにならないというのだ。そこでエリーはニューヨークに赴き、専門家たちの前で証言をすることになった。ユップは怒りのあまり話せる状態ではなかったので、エリー一人で証言した方がよいと伝えた。自分はきっと発表の途中で爆発してしまうが、エリーは感情を抑えることができる、と思ったのだ。

その後WHOは、同じような実験をほかにも四件行ったが、同様の結果が出た。これでケムロン騒動はついに終わりを迎えた。最初の赴任地での任務が無事成功したので、ユップはジュネーブに戻り、

ＷＨＯで臨床研究および薬剤開発の責任者として、正式に仕事を始めた。彼の部署は、エイズ世界対策本部（Global Programme on AIDS、以下、ＧＰＡ）内にあった。ＧＰＡは、一九八六年にＷＨＯがエイズの流行に対する対応が間違っていたと認めた後に設立されたものだ。

当初エイズを懸念する必要はないと発言していたハルフダン・マーラー博士は、ＧＰＡ本部長に若くて優秀な医師を採用した。ジョナサン・マン博士である。彼は一九八六年に勤めていたザイールのエイズ研究組織を離れ、ジュネーブに移った。

ジョナサンはかつてＣＤＣ感染症情報サービス（ＥＩＳ）の調査官を務め、ニューメキシコ州の専属疫学者でもあった。公衆衛生関係者からの人望が厚く、みな彼の人権擁護の姿勢と職業倫理に一目置いていた。彼はまた、ザイールのキンシャサで設立した「プロジェクトＳＩＤＡ」を、わずか数年のうちに世界でトップクラスのＨＩＶ研究組織に育てあげた。

ＷＨＯに移籍してからも、ジョナサンはそれまでと変わらず大胆に手腕を発揮した。ただ、世界最大の公衆衛生官僚機関で、彼のやり方が必ずしも好まれなかったのは事実だ。ジョナサンは、ＧＰＡを新しい構想のもとに立て直し、特定の病に焦点をあてたプログラムとしては、ＷＨＯ最大の対策本部に作り変えた。そして二年のうちに、ＧＰＡには九〇〇〇万ドルに近い資金が集まった。これは、ＷＨＯのほかのどの部をも上まわる金額だったが、ＷＨＯの基本予算から割り当てられたわけではない。ジョナサンが各国に呼びかけ、直接寄付を募ったのだ。こうして、彼の指導のもと、ＧＰＡは一〇〇カ国を超える国々に対し、経済的支援を始めたのである。

その裏で、ジョナサンの成功を苦々しく思っているＷＨＯ官僚もいた。彼がメディアで注目されるのも、彼の仕事の進め方も気にくわなかった。ジョナサンは現地の民間団体や非政府組織の力に信頼を置いていたため、ＷＨＯの地域事務所を通さずに、発展途上国でいきなり国立エイズ対策プログラムの設置にとりかかってしまうこともあったからだ。

彼はＨＩＶを、たんなる医療問題ではなく、社会正義にかかわる問題として位置づけていた。アメリカなど複数の国では、意識調査を行うと、ＨＩＶ患者は収容所で隔離すべきだという考えに賛成する市民が半数を超える。国によっては、ＨＩＶ検査で陽性となった者すべてに入れ墨で印をするべきだと言いだす政治家がいる。ジョナサンの支持者たちは、彼のＷＨＯでの仕事は、まさにこのような考え方を改めさせることを直接の使命とすべきだ、と主張した。

ジョナサンのメディアとの接し方や仕事のやり方への批判は、ＧＰＡ設立当初からマーラー事務局長のもとに上がってきていたが、マーラーはジョナサンがやりたいように業務を進めさせた。ところが、一九八八年にマーラーが退任し、新しい事務局長が任命されると、問題が起きるようになる。

中嶋宏新事務局長は、ＷＨＯで一〇年以上勤めてきた経験豊かな国際官僚だった。ただ、ジョナサンが有名人扱いされていることについては、あまり快く思っていなかった。そこで、中嶋はＧＰＡの予算に口出しするようになり、ジョナサンが自由に移動することさえ妨害し始めたのだ。

結局ジョナサンは一九八八年に退職した。彼が辞めたことで、世界じゅうのエイズ関係者のあいだに衝撃が走った。流行が勃発してまだ七年、この先やるべきことは山のようにあるというのに、その先頭に立つリーダーを失ったと多くの人が思った。彼はエイズを患う人々の権利のために情熱を注ぎ、最高レベルで変革を起こそうと精力的に闘ってくれていたのに。

ジョナサンの後任は、やはりＥＩＳ調査官を務めたアメリカの医師、マイケル・マーソンだった。マイケルは、ユップのほか、エイズ専門のベルギーの医師ピーター・ピオットを採用した。ピーターは本部長補佐を務め、ユップの日々の仕事の監督にあたることになった。

ピーターは前に一度ユップに会ったことがあった。一九八〇年代にあの「オランダ四人組」に会いにアムステルダムを訪れていたのだ。そのとき彼は四人の仕事に感心したし、ユップについてもよい印象を持っていた。

ジュネーブで再会した二人は、すぐに意気投合した。二人とも権威というものが大嫌いで、世界最大の公衆衛生官僚機関のピカピカのオフィスの中でかしこまっている今の自分たちを笑い合った。二人ともオランダ語を母国語とし、ベルギーの詩人・作家であるヴィレム・エルスホットの作品が大好きだった。若いときに何としても生まれ故郷から脱出したいと思っていたことも同じだった。ピーターはベルギーの小さな町、ケールベーゲンで生まれた。ユップが生まれた村、ニューウェンハーヘンから、車で一時間ほどの距離だ。

共通の話題は、文学、赤ワイン、感染症、そして女性の話。ユップはなかなかの「bourgondier《ブルホンディア》」だな、とピーターは思った。世の中の洗練されたものに対する目が肥えているという意味だ。二人のきずなを特に強くしたのは文学と言語だったが、お互いの結婚生活についても、しばしば時間を忘れて話し込んだ。ちょうど二人とも荒波にもまれている時期だった。

エイズ問題にまつわる不条理や各国政府の手際の悪さへの憤りにおいても、二人の認識は共通していた。なぜＷＨＯに入ったのかと、ユップがピーターに尋ねると、ピーターはアントワープで受け持っていたエイズ患者たち（その多くはコンゴ人だった）が、ばたばたと死んでいった様子を話した。彼らを救いたくても何もできないことに耐えられなくなったんだ、とピーターは言う。ユップもそれにうなずいた。

ピーターもユップも官僚という立場に何の喜びも誇りも感じなかった。ピーターはＥＩＳでは三カ月しかもたず、ＣＤＣのお役所風に我慢ができなくなって研究職に逃げたほどだ。それでも、世界を守る公衆衛生機関の懐の中にもぐり込めば、そこから何かを変えられるのではないかと期待したのだ。

二人とも本気で世界を救いたいと思っていた。

世界を救うには、事務処理能力が必要だ。ユップは、出張に行くたびに記入しなければならないおびただしい量の書類を片付けるのに必死だった。それでも旅費を請求するのを忘れ、必須の出張書類を紛失しては、期日に返金されていないと文句を言いにピーターのオフィスに駆け込んだ。

しかもユップは規則破りの常習犯だった。製薬会社に直接手紙を書いて、発展途上国で臨床試験をするための資金提供を依頼してしまうので、ピーターが上司に叱責を受けることもあった。

「そうやっていきなり製薬会社に接触するのは、まずいぞ」と、ピーターは言った。

「なぜ？　黒ネコだろうが白ネコだろうが、ネズミを捕れば良いネコだろう？」とユップは反論した。

また、ユップは正式なWHOのレター用紙で、高名な学者や由緒ある団体などに、怒りがまる見えのメモを送り付けた。「拝啓」と、ユップはあるエイズ会議の主催者宛に書いた。「この重要な会議にお招きいただきありがとうございます。ただ、A博士の発表は、以前にも同じ内容を拝聴したことがあるので、気が進みません。また、B博士の発表中に投げつけるための腐ったトマトを一箱持参する所存です。敬具ユップ・ランゲ」

彼はわざわざメモをコピーして、シドニーにいる友人のショーン・エメリーに送った。ショーンは「すばらしい、洗練されたメモだ」と返事をよこし、「でもこれじゃあ、きみはWHOで長続きしないだろうな」とも書き添えてあった。

それでも、それなりに長続きしたのだ。三年の長きにわたり、ユップはプレヴサンというフランスの小さな町のアパートから、WHO本部のあるジュネーブのアッピア通りまで、三〇分の道のりを自転車で通勤した。ジュネーブからは飛行機でキンシャサやヨハネスブルグ、リオデジャネイロやワシントンDCに飛んだ。ヘレーンと子どもたちの顔を見に、たびたびオランダにも帰った。マルタはまだ赤ん坊だったが、アンナやマックスをジュネーブに連れてきて、仕事中、オフィスで遊ばせることもあった。

ヘレーンは、子どもたちの学校や遊ぶ環境を変えないですむように、自分はマウデルベルフに残ることを選んだ。そして、友だちと遊ばせたり、オランダ最大の湖、エイ湖に連れて行って水泳やセーリングをさせたりした。彼女は毎日の子育てに専念することを望み、出張や接待が多い夫の仕事とは距離を置いていた。彼が仕事の成果を分かち合いたいと思っても、家庭はその場所ではなかった。

しかし何よりも彼を悩ませたのは、エリーの病院にいたときの記憶だった。死んでいく母親の胸にくくりつけられた赤ん坊の姿が脳裏から離れなかったし、忘れたくないと思った。彼はWHOの運営委員会で、自分たちが最も集中して取り組むべき問題は、子どものHIV感染の予防と母親の健康管理だと主張した。HIVに感染する子どもは毎年五〇万人におよび、そのほとんどはこの世に生を受けるときに母親から感染している。感染のリスクが最も高いのは、分娩中に産道を通る瞬間なのだ。

ユップが新しい職場で最初に提案した臨床試験の一つは、ある薬をHIVに感染した妊婦に投与することだった。その薬はまだ試験段階にあったため、BI-RG-587という名がついていた。HIVの逆転写酵素、すなわち、HIVの遺伝子をヒトの遺伝子に組み込ませるためにRNAをDNAに変える酵素を攻撃する作用がある薬だ。AZTが怪しげな変装でDNAの部品に成りすますのに対し、この薬は逆転写酵素本体にダメージを与える。酵素の弱点に結合して作動不能にしてしまうのだ。

WHOに移ってから数カ月後、ユップはワシントンに赴き、製薬会社のベーリンガーインゲルハイムを訪ねた。この製薬会社は、エイズ臨床試験グループ（ACTG）という専門家のネットワークと意見交換を行っていた。HIVにかかわる重要な研究や将来性のある治療のほとんどは、この会社がスポンサーとなって実現していたのだ。

ユップは、BI-RG-587もベーリンガーインゲルハイムもよく知っていた。この会社の海外臨床試験の一環として、アムステルダムで同社の薬を患者に投与する試験を行ったことがあるからだ。

そして今回ユップは、ぜひとも発展途上国でこの薬の臨床試験を行い、妊婦から赤ん坊にHIVが感染するのを防げるかどうかを試したいと考えていた。ただし、薬が安全であり胎児に影響がないと治験で確認される前に、貧しい人々に実験的に投与するのは、倫理に反する、とグループに伝えた。また、安全性の試験はアメリカのような先進国で行うべきだと提言した。胎児の状態を監視できるハイテクの医療機器があるし、妊娠中問題が生じてもすぐに対処できる人員がそろっているからである。

製薬会社はユップの提案に興味を示したが、ほかに優先したい実験があった。まずは大人に対する治験を終わらせ、FDAの承認を得るために必要な書類審査を片付けてしまいたいと考えていたのだ。ユップが望む予防的臨床試験を行うにしても、その後になる。

ユップは、サハラ以南のアフリカの国を訪れているうちに、エイズ患者がかかる感染症は、地域によって異なることに気づいた。アムステルダムにいるころ聞き慣れていた患者たちの苦しそうな乾いた咳は、ニューモシスチス肺炎が原因だった。しかしアフリカの地域によっては、この肺炎を起こすエイズ患者が四パーセントに満たないところもある。

地域による特性はほかでも見られた。たとえば、アフリカ西部のエイズ患者は、肺が結核菌に侵され、脳はトキソプラズマ症を発症して死亡する場合が多く、その確率はヨーロッパのみならずアフリカ東部の患者と比べても高い。コートジボワールでは、病理解剖されたエイズ患者の半数は、体内から結核菌が検出されていた。

また、いわゆるスリム病は、実はエイズと結核が併発して起きる恐るべき容態であることがわかった。ＨＩＶのせいで、体じゅうが結核菌に感染しやすくなり、エイズ患者の肺、脳、腎臓、そして脊椎の中で菌が大増殖するのだ。実際ムラゴ病院などのエイズ病棟では、患者の主な死因は結核だった。

そこで結核の治療がユップの次なる課題となった。四種の薬を組み合わせる通常の結核治療薬（各薬の頭文字をとってＲＩＰＥと呼ばれる）を用いて、ユップはＨＩＶ患者への臨床試験を始めた。その試験が成功したので、今度はイソニアジド（ＲＩＰＥの中の「Ｉ」）という薬が、エイズ患者の結核を予防する効果があることを証明した。

ある夏、ユップはいくつかの研究現場を視察するため、同僚のヨスと一緒にジュネーブからバンコクに向かった。ついでにタイ北部の町チェンマイにいる若い医者を訪ねてみようということになった。タイでエイズの流行が最も深刻な状況にあるのがこの町だ。チェンマイは、アジア最大のアヘンの産地、いわゆる「黄金の三角地帯」のすぐ南に位置する。約一〇万人のタイ人がＨＩＶ陽性と見られ、その多くは北部の麻薬中毒者で、注射器を使いまわしたことにより感染していた。

その日の午後、ユップとヨスは、何の予約も予告もせずに、チェンマイにあるコンクリートブロック建築の事務所を訪れた。二人はその三階建ての建物に入っていき、クリス・バイラー博士に会いたいと言った。

「クリス先生、先生に会いたいという〝ファラン〟が二人来ています。予約はありませんが」と、秘書はタイ語で外国人を表す言葉を用いて言った。

クリスは二人の訪問を喜んだ。ボルチモアのジョンズ・ホプキンス大学で感染症の研修医を終えたばかりのクリスはまだ三四歳で、同大学によるエイズワクチン評価センターの準備作業のため、現地責任者としてチェンマイに派遣されていたのだ。当時は、一、二年のうちにワクチンが発明されるだろうと思われていた。

風貌もふるまいもＷＨＯ官僚らしからぬ二人連れを、クリスは窓のない事務室に案内した。壁には白いタイルが貼られ、床の中央に排水溝があり、かすかに死んだ動物の臭いがした。彼の事務室はかつて実験室で、サルやモルモットが大量殺戮された部屋だったのだ。現地のスタッフは、〝ピー〟（人の魂にとりつく幽霊）が出ると言い、その部屋で一人で仕事をするのを嫌がった。

クリスはタイに来てまだ一年少々だったが、現地の同僚は英語を話さない者がほとんどだったため、流ちょうにタイ語を話すようになっていた。だから、久しぶりに母国語で話ができるのが嬉しかった。しかも、自分より数年先輩の二人が、自分の仕事ぶりのよい評判を聞いてわざわざ訪ねてくれたのだから、なおさらだ。

ユップは気さくで感じがよく、ＷＨＯ官僚の堅苦しさがない。気づいたら、クリスは自分の悲しい思い出をユップに打ち明けていた。クリスは、医学部にいるころルーサーという男性を好きになったが、ルーサーはクリスの卒業の年にＨＩＶ検査を受け、陽性であることがわかったのだ。

ルーサーは長い期間患ったのち、一九九一年に亡くなった。それから数カ月のうちに、クリスはさらに六人の友人をエイズで失った。彼は絶望し、悲しみのやり場もなく、社会生活に背を向け、ファイアー・アイランドの自宅に閉じこもった。

人によっては、ＨＩＶはただの仕事にすぎない。ＨＩＶの患者を治療するのは、それで給料がもらえるからだ。顕微鏡でウイルスを探しているように見えるが、本当の目標は権威ある教授の椅子や終身在職権なのだ。時流に乗ってＨＩＶ研究に飛びつき、この流行病を出世に利用しようと思っている人があまりにも多い。クリスは、そういう人たちの野望が鼻についた。

でもユップは違った。窓のない事務室で最初に言葉を交わしただけですぐにわかったし、その後キャメル・ライトをふかしながら屋上でゆっくり話をしていても、彼が心から患者たちのことを思っているのは明らかだった。また、一緒にチェンマイ大学病院を視察したときのユップの反応にも、彼の思いがにじみ出ていた。病棟にはやせ細った男女がひしめき、みな体じゅうに一〇セント玉大の黒斑や紅斑ができていた。

タイのエイズ患者の体に現れていた痛みを伴う紅斑は、ペニシリウム・マルネッフェイ（旧名。現在はタラロマイセス・マルネッフェイと呼ばれる）という真菌が起こすマルネッフェイ型ペニシリウム症が原因だった。世界じゅうでも症例が五〇件ほどしか報告されていない珍しい病気なのに、ここでは一〇〇人を超える患者がその病気にかかっていた。

真菌は皮膚症状を起こすだけではない。血管を通じて広がり、真菌性敗血症を引き起こす。そのせいで、患者たちの肝臓や脾臓は肥大していた。治療はひどいものだった。患者は何週間も病院で点滴装置につながれたままアムホテリシンBの点滴を受けなければならない。その抗真菌剤は毒性が強く、患者の腎臓を傷める可能性があるというのに、治療をしても真菌はくり返し復活するのだった。

それを見て、ユップは経口の抗真菌薬が効くのではないかと考えた。もし内服薬が効くなら、患者たちは自宅で治療すればよく、病院で痛い思いをして点滴を受ける必要がなくなる。そこで、クリスと会って間もなく、ユップはチェンマイ大学健康科学研究所の所長、チラ・シリサンタナの協力を得て、経口投与できる三種の抗真菌薬の比較実験を行った。

この研究により、状況は革新的に変わった。イトラコナゾールの経口投与が感染を治癒するということが判明したのだ。何よりも嬉しい点は、患者が自宅で薬を飲み続けることにより、真菌の再発を完全に防げるということだった。

もしAZTやジダノシンのようなHIVの治療薬があれば、本当の意味での革新的変化が望めたはずだが、そのような薬の恩恵を受けられるのはイギリスやオランダなどの裕福な白人エイズ患者だけだ。チェンマイやカンパラの患者たちは薬などなく、もっぱら持久戦でしのいでいた。次々に襲ってくる病原菌を一つひとつ攻撃しながら、残された時間を稼ぐしかないのだ。最初の日和見感染で死ぬことはない。二つ目でさえまだ耐えられる。しかし三つ目が襲ってくるころには、体はボロボロになり、闘いたくてもすっかり力つきているのだった。

ユップがジュネーブに戻ると、アムステルダムから手紙が届いた。ユップの恩師、スヴェンからだった。スヴェンはユップが去った後、罪悪感にさいなまれていた。多少は安堵の気持ちを味わったのもつかの間、優秀な右腕を失った喪失感がじわじわと襲ってきたのだ。「申し訳なかった」とスヴェンは手紙に書いてきた。「頼むから、帰ってきてほしい。私は先が見えていなかった」。スヴェンはその後、お互いが気に障ったり衝突したりせずに一緒に働ける方法を考えていた。「私がオランダ国内の患者や研究に専念するから、きみは海外に集中してくれればいい。お願いだ。戻ってきてくれないか」

ユップは笑みを浮かべた。スヴェンの正直で温かい言葉が嬉しく、手紙はずっと大事にとっておいた。やがて一九九四年になり、WHOで物事がうまくいかなくなり始める。GPAの活動は、あと一年ももたない見通しとなっていた。高官どうしの激しい衝突のせいで、活動は組織の内側から崩壊していったのだ。あるメディアは、「異なる機関どうしの対立や、一部のWHO職員の行動により、GPAを活動停止に追い込もうとしている側にとって都合のよい状況が作られたのは明らかである」と報じた。

出資者たちは、疑問を持ち始めた。巨額の資金を提供してきた国々は、国内に独自のプログラムを設置すると言いだした。ユップとピーターの上司であるマイケル・マーソンは、これ以上中嶋事務局長のもとで働くのは耐えられなかった。ジョナサン・マンを離職に追い込んだ中嶋が、今度はマイケル・マーソンまでも追い出すことになる。結局マイケルは一九九四年に辞職し、イエール大学の教授になった。

ＧＰＡが崩壊した後、新しい官僚機関が生まれた。一九九四年にＵＮＡＩＤＳ（国連合同エイズ計画）の設立が承認され、ピーター・ピオットが事務局長に任命された。

ピーターはＵＮＡＩＤＳにユップを誘わなかった。彼が官僚的な形式主義や惰性に嫌気がさしていることをよく知っていたからだ。官僚機関にはＨＩＶの治療薬を最も必要としている人々に届けようとする情熱が感じられなかった。一九九五年、ユップはついにＷＨＯを辞めることを決心した。オフィスで荷物を片付けながら、機関にとどまることにしたピーターに対し、彼はこう問いつめた。

「こんなところで何をやっている？　きみは気遣いがうまくなって、出世意識もめばえたみたいだな」

「僕に喧嘩を売るな」とピーターは答えた。「僕らは同じ側で闘っているんだろう？　きみの敵は僕じゃない」

第六章　さまざまな臨床試験

昔々、一人の異端の神父と、愛し合う若い男女が、独裁者の国に閉じ込められていた。負傷した兵士バルタザルは、不思議な能力を持つ田舎の娘ブリムンダにすっかり心を奪われていた。神父は飛行術の先駆者であり、鉄板、ロープ、起重機などを駆使して奇妙な装置を組み立て、空飛ぶ機械を造った。スペインの宗教裁判を逃れるためだ。しかし、三人が脱出を計画していると、ブリムンダがためらった。その飛行装置を目にした彼女は、神父に尋ねる。このパッサローラ（大鳥）はどうやって飛ぶのでしょう？　神父はかつてオランダで勉強していたときに、斬新なエネルギー源があることを学んだ。人間の意欲が燃料の代わりになるのだ、と神父はブリムンダに告げる。それがなければ、どうやって自由を勝ち取ることができよう？

◆　◆　◆

ユップは本を中断し、ハイネケンをひと口飲んだ。最近は、なぜかジョゼ・サラマーゴの幻想的な物語に惹かれる。このポルトガルの作家は、固定観念を打ち破り、愛を擁護し、伝染病や無力な民についてもそれなりの知識があった。彼の物語の世界では、貧しい者たちを顧みない神々や王の支配のもとで伝染病が広がり、何千人もの人々が苦しみ、社会が崩壊した。またサラマーゴは、部外者であることの苦悩も知っていた。彼は、神の冒涜者、共産主義者、無政府主義者と非難され、新聞記者の仕事をクビになり、ポルトガルから追放されたのである。

もしかしてサラマーゴはみずから国を捨てたのだろうか、とユップは思った。彼自身、新しい展望が目と鼻の先に開けるというときに、あえてＷＨＯを離れた。今までと異なるクラス[訳注1]の抗ＨＩＶ薬が新たに二クラスも承認される見通しとなり、ＨＩＶを三方面から攻撃できるようになる。ついに科学がこのウイルスを克服する可能性が見えてきたのだ。

実はもう何年も前から、正確には一九八八年から、ユップはそう主張し続けてきた。ＨＩＶという敵はずる賢い。対決するには、結核治療のため一九五〇年代以来とられてきた方法によるべきだ。すなわち、一つの薬に頼らず、効果のある数種の薬を併用する「カクテル療法」によるべきなのだと。

それゆえ、彼がＷＨＯを去った翌年の一九九六年に、眼鏡をかけたデイヴィッド・ホー博士の顔が『タイム』誌の表紙を飾っているのを見て、ユップは面白がった。このアメリカのエイズ研究者は、薬の併用療法を〝擁護〟したことで、「マン・オブ・ザ・イヤー」に選ばれたのである。

しかし、自分が表彰の対象から見落とされていたことなど、ユップは気にも留めなかった。もっと大きい問題をかかえていたからだ。彼が薬の併用療法を提案したとき、科学者の多くは耳を貸さず、ＡＺＴに飛びついた。アムステルダムからワシントンにいたるまで、患者たちはみなＡＺＴを単独で、

訳注1　作用機序による薬剤の分類。薬物群。

あるいは、ＡＺＴと同じ方法でＨＩＶを攻撃する別の薬と組み合わせて処方された。だが、結果は散々だった。その処方は効き目がないだけでなく、危険だということがわかった。

ＡＺＴを単独で、または同種の薬とともに飲んだ患者たちは、一時的に好転した。しかし、その状態が数カ月、長ければ一年続いたのち、病状は再び悪くなった。薬が効かなくなったのだ。効き目の弱い薬をいくつか浴びせられただけで、ＨＩＶは猛然と反撃し、より強いウイルスに生まれ変わったのである。

さらに恐ろしいのは、ＡＺＴに耐性を持つようになったＨＩＶに感染すると、ほかの逆転写酵素阻害剤を服用しても、効果が期待できない可能性があることだ。そのウイルス株は、患者がまだ飲んだことがない薬に対しても耐性があるかもしれないのだ。

さて、ユップがＷＨＯを辞職してから数カ月後、新しい薬が承認され、それまでとは異なる新しいクラスの抗ＨＩＶ薬が登場した。それはサキナビルという薬で、ＡＺＴへの耐性ができてしまった患者に希望を与えた。この薬の製薬会社、Ｆ・ホフマン・ラ・ロシュがＦＤＡに申請を出し、わずか二週間足らずの一九九五年一二月六日に承認された。

サキナビルは、ＨＩＶをまったく違う角度から攻撃する最初の薬である。逆転写酵素を阻害するのではなく、ウイルスが持つ別の酵素、プロテアーゼに、ダメージを与えるのだ。ＨＩＶがヒトのヘルパーＴ細胞の奥深く入りこむと、Ｔ細胞はＨＩＶ粒子を次々に複製するわけだが、その材料となるタンパク質をＴ細胞が量産する際に、タンパク質の鎖を切って正しい形や大きさの部品をつくっていくのがプロテアーゼである。プロテアーゼがなければ、ＨＩＶをつくるタンパク質は、ベタベタとした団子状に固まって使い物にならない。そこからウイルス粒子がいくつかはつくられたとしても、感染力を持たないのだ。

その次に現れたのがネビラピン——抗ＨＩＶ薬としては八剤目、分類上は三クラス目の薬である。ネビラピンはＡＺＴと同じ酵素を阻害するが、攻撃のし方が違う。ＤＮＡの構成因子のふりをするのではなく、逆転写酵素の弱点の一部に結合して、酵素が思うように動けなくしてしまうのだ。また、ＨＩＶが脳や脊髄に侵入して増殖すると、患者は神経質になったり混乱したり、もの忘れが激しくなったりするが、ネビラピンはほかの抗ＨＩＶ薬と比べて、脳や脊髄にもよく浸透した。

ネビラピンは市場では新薬として出始めたが、ユップには馴染みのある薬だった。ＷＨＯ時代に、母子感染から新生児を救うために試したかった薬、つまり、ベーリンガーインゲルハイムが製造し、以前はＢＩ−ＲＧ−５８７と呼ばれていた薬だ。ユップはすでにこの製薬会社に協力し、オランダの患者を対象に臨床試験を行っていた。そして三クラスの薬が出てきた今、彼は古い薬や新しい薬をいろいろに組み合わせて、新たな試験をデザインしようとしていた。

ユップは、自分が常々提唱してきた併用療法が正しかったことを立証したかった。そこで、オーストラリア、カナダ、イタリアの友人や同僚にあたる、マーク・ワインバーグ、デイヴィッド・クーパー、フリオ・モンタナー、およびステファーノ・ヴェッラ、さらにはペーター・ライスをはじめとするアムステルダムの同僚にも声をかけ、どの薬の組み合わせがいちばん効果的かを調べるため、共同で比較実験を行った。

四カ国から参加した一〇〇人を超える患者たちは、三つのグループに分けられた。第一グループにはＡＺＴとネビラピン、第二グループにはＡＺＴとジダノシン、そして第三グループには三剤すべてを投与した。

結果としては、第三グループの患者に最も著しい改善が見られた。白血球数が回復し、ウイルスは衰えたのだ。明らかに三剤併用療法——三種の薬を組み合わせた治療——の勝利だった。この研究には「ＩＮＣＡＳトライアル」という呼び名がつけられ、ＨＩＶの治療にとって一つの転機となると同時に、ユップにとっては個人的勝利をも意味した。今まで彼の意見を否定し、新しい薬が出るまで待てという忠告も聞かずに、単剤あるいは二剤併用で治療を断行してきた医者たちに向かって、ようやく「それ見ろ、言ったとおりだろう」と言えるのだ。

彼はまるでパッサローラで飛び立つ瞬間に下界を見下ろす、あの異端の神父のようだった。機体が傾き、ガタガタ揺れたりしても、最後には浮き上がる。確信こそが彼の燃料だった。

しかし、喜んでいられるのもほんのつかの間だった。新薬が登場するのと同じぐらいの早さで、悪い知らせも舞い込んできた。カリフォルニア大学サンディエゴ校のダグラス・リッチマン博士は、二四人の患者にネビラピンを投与し、一四人にネビラピンとＡＺＴの組み合わせを投与した。試験を開始して七日のうちに、ネビラピンだけを投与したグループは薬への耐性を形成した。また二剤併用グループも、数週間後ではあるが、耐性ができてしまったのである。

問題は、ＨＩＶがあまりにもすばやく進化していくことだ。一秒ごとに何十個もの新しいウイルス粒子がつくられるのだから、ウイルスは自分の遺伝子を操作する機会がたっぷりあるのだ。それにＨＩＶはどこまでも狡猾だ。さまざまな変異をとげた粒子の中から、自分たちを薬剤から守ってくれるものを選び抜く。その薬剤が待望の新薬で、開発に何百万ドルもかかっていることなどお構いなしだ。

ユップ、ペーター・ライス、チャールズ・ブーシェ、その他の研究者たちは、アムステルダムでも独自に実験を行った。患者二〇人にネビラピンを投与して観察すると、直後はみな好転してＨＩＶのレベルがぐんと下がるのだが、すぐに血液中のウイルスの量が盛り返し、実験開始当初のレベルに戻ってしまう。古い薬だろうが新しい薬だろうが、結局効き目はなくなるのだった。

ＨＩＶがどのように姿を変えているかをチャールズが見てみたところ、逆転写酵素にわずかな変異が見つかった。それは、一個のアミノ酸を別のものと入れ替えるという実に微々たる変異にすぎないのだが、薬を効かなくさせるにはそれで十分なのだ。

問題はもう一つあった。ネビラピンの副作用で、見るも恐ろしい真っ赤な発疹が出る場合があり、患者によっては服用を中止させざるをえなかった。サキナビルでも嫌な副作用が見られた。不整脈が起こり、動脈に脂肪が詰まりやすくなるのだ。

薬が新しくなれば、効き目は強まり、副作用は弱まるだろうと医師たちは期待していた。確かにサキナビルも、同種のインジナビルも、ウイルスに対してより強力なパンチを食らわせるものになっていたが、その反面、体にも奇妙な影響がおよんでしまう。

たとえば、妙なところに脂肪がつくかと思うと、別のところはしぼむということが起きた。患者たちは大きく膨れた腹をたたいて「プロテアーゼ太鼓だ」と言ったり、インジナビルのブランド名クリキシバンをもじって「クリキシ腹」と呼んだりした。どの患者がプロテアーゼ阻害薬を飲んでいるか一目瞭然だ、とも言われた。なぜなら、腹がとび出し、脚はやせ細って、セサミストリートのビッグバードみたいになるからだ。

同時に、プロテアーゼ阻害薬を飲むと、頬とお尻の肉がそげてしまった。お尻がぺしゃんこになると、長時間座っているのはつらい。とりわけ自転車や通勤電車の硬い座席などは苦痛だ。また、首の後ろにできた脂肪の塊がどんどん盛り上がり、まさしく水牛のこぶのようになってしまうこともあった。

太鼓腹。こけた頬。棒のような脚。そして水牛のこぶ。それだけではない。インジナビルは白目が黄色くなる。一九九〇年代にひと目でＨＩＶ患者だと気づかれてしまう身体的特徴といえば、そういったものだった。ただそれらを引き起こしているのはウイルスではなく、現代の医薬品なのだ。体そのものが看板となり、「私はＨＩＶ陽性だ！」と大声で世間に宣伝して歩いているかのようだった。一九八〇年代は、体が異常にやせていくのでエイズ患者だとわかったが、そのころとあまり変わらない。今は、目を見ればエイズ患者だとわかる。頬や首や腹を見れば、どの薬で治療しているかまで、ズバリ、わかってしまう。

それでも、少なくともここの患者たちには薬があるじゃないか、とつぶやきながら、ユップはＡＭＣのエイズ病棟内を歩いていた。彼はジュネーブで三年を過ごし、アムステルダムに戻っていた。ＷＨＯに在籍していたころ、帰って来てくれと彼に手紙で懇願したスヴェンは、友の帰国を喜んだ。それどころか、ＡＭＣの経営陣を説得し、ユップが医学部の教授として採用されるようはからった。まさに一九九〇年代にあの生意気な若い医師から失礼な手紙を受け取る側にいた経営者たちが、彼に教授の席を与えることにしぶしぶ同意したのだ。

確かにユップは博学の教授らしい風貌を備えていた。黒髪には白いものがまじり始め、病院の廊下を意味ありげに大股で歩きながら、しばしば眉根に深いしわを寄せていた。ピンストライプのブレザーの裾を、腰のあたりで揺らしながら、患者たちのカルテと医学雑誌の束を胸の前にしっかり抱きかかえて歩く姿も板についていた。

実際、彼は文句のつけようもないほどの功績をあげてきた。ＷＨＯでは一つの部のチーフを任され、世界でも最も先駆的なＨＩＶ研究の数々を主導していた。彼の存在は、ＡＭＣに名誉を――そして何よりも、資金を――もたらしたのだ。

ただ、やはり苦情も聞かれた。彼がときおり怒りを爆発させたり皮肉なメモを送りつけたりするからだ。ユップをよく知る人たちは、それがこの病気をめぐる不条理に対する彼の苛立ちの表れだとわかったが、患者たちは必ずしも理解してくれなかった。担当医から同情とは程遠い言葉を浴びせられるのだから、患者はひとたまりもない。「薬が多すぎるって？　薬があるだけいいと思いなさい」。ユップにこう言われたある女性は、あっけにとられて黙りこくった。その後、女性は担当医を代えてほしいと病院に申し入れた。

ジャクリンはあきれ顔だった。スヴェンは彼女に頭を下げて謝罪し、静かにその手配をしたのだった。エイズ病棟を優れた医療の現場に育てあげるため、黙々と励んできたのだ。それなのに、ユップが舞い戻ってきて、いきなり彼女の守備範囲を荒らしまくる。そういう意味では、二人は正反対だった。

ジャクリンはなめらかな身のこなしで立ちまわり、病棟を優しい笑顔と穏やかさで満たした。彼女が近づいてくると、患者たちのまなざしはぱっと明るくなり、みな自分のところに来てくれないかと期待して、思わずベッドから体を起こすほどだった。すると彼女は、ベッドの端にちょこんと腰かけて、その小さくやわらかな手のひらで患者の手を包み、「お加減はどうですか？」と聞いてくれる。そして、ラテックスの手袋をさっとはずし、手の甲を患者の額に当てて、「もう少し元気になってもらわないとね」と言うのだ。

彼女は気さくに雑談もした。バレエや演劇の話、特にグルメの話題は、病気になる前に味わった食べ物を患者たちに思い出させた。今はＨＩＶの薬で内臓がすっかり荒れてしまい、食事といえば、もっぱら老人患者用の温めたミルクセーキになっていたが。

それでもジャクリンは昔の暮らしのおぼろげな記憶を照らしてくれる。おしゃれなレストラン、ファッション、はやりのカクテル。目の炎症でコンタクトレンズから眼鏡に変えなければならなくなったときも、彼女はしゃれたネコ目型のフレームを選んで購入した。頭を傾けて笑うたびに、フレームがきらりと紫色に光った。

家では、年上の伴侶ヨープが肺を患い、弱って気難しくなっていた。ジャクリンはエイズ病棟のシフト勤務が終わった後、夜は家で彼の看病をした。それができないのは、子どものいる看護師に代わって夜勤を引き受けるときだけだった。同僚が子どもの世話をしなければならないときは、すぐに休ませるようにしていたのだ。彼女自身、子どもがほしかったが授からなかった。休憩時間に産科病棟をのぞきに行っては、新生児が小さく喉を鳴らす音を聞き、その吐息でプラスチックの保育器が白く曇る様子を眺め、四十代半ばの自分がこの先母親になることはあるのだろうか、とぼんやり考えた。十代のころ苦しんだ拒食症が大人になっても影響し、妊娠しにくくなっていたのだ。その代わり、患者たちの世話に励んだ。彼らの心を和ませるためにエネルギーを注ぎ、死と愛と薬の苦みを語る患者たちの声に耳を傾ける日々だった。

ジャクリンは、患者たちが薬を飲み込むのが難しくて苦労しているとユップに伝えた。そしてユップも、新しいカクテル療法の副作用の問題を軽視しているわけでは決してなかった。真剣に受け止め、副作用に関する報告を雑誌にも投稿している。ただ、ウガンダで薬がないために患者たちが死んでいくのを見てきて以来、患者が薬のことで文句を言うのは、聞くに堪えなかった。

彼は薬の副作用で苦しんでいる三人の患者についてオランダの医学雑誌に投稿した。一人はゲイの男性患者、二人は異性愛の女性患者だ。三人ともサキナビルやインジナビルを服用しているうちに、お尻と頬の肉が落ち、腹部は膨らんでいった。また動脈には脂肪が詰まり、心臓発作や脳梗塞の危険がある。彼らの状態をユップは症例報告にまとめたのだった。それでも、彼らには少なくとも薬があった。

「きみの倦怠感については聞きたくない」と、彼はハン・ネフケンスに言った。ユップの近くで治療を受けるためにメキシコシティからバルセロナに移ってきた男性だ。彼はユップの投薬治療のおかげで状態はよく、副作用にもおおむね耐えていたが、いちばんつらいのは、分厚いカーテンのように重くのしかかる倦怠感のせいで、まるで脳がすっぽり布で包まれているような気分に襲われることだった。

「疲れなど、文句を言うほどのことじゃない」と、ユップは言い切り、口を固く結んだ。ハンは黙って受け流した。ユップとは友人としても親しくなり、タイやウガンダを訪れたときの経験や、エイズ患者の遺体が次々に担架で運び出されていくこと、泣き崩れる母親の横で子どもが病院の床に寝かされたまま死んでいく様子などを聞かされていたからだ。

とはいえ、強い倦怠感も、片手ひと握り分の薬の量も、懸念してしかるべきことなのだ。毒性が強い薬を複雑に組み合わせる投薬治療は、患者を害し、ＨＩＶを利する。ウイルスが薬への対抗力をつけやすくなるからだ。それぞれの薬は本来ＨＩＶを攻撃するためにつくられているはずなのに、これでは元も子もない。

そのころの最新の投薬治療では、一度に何十個もの錠剤――大きいものは、二五セント硬貨ほどもありそうだった――を処方され、それらを一日に二回、三回、四回と服用しなければならなかった。飲み忘れても飲む時間を間違えてもダメ、低脂質ではなく高脂質の食事とともに飲まないとダメだし、水ではなくどろどろのミルクセーキと一緒に飲む必要があり、どれ一つ間違えてもウイルスが勝ってしまう危険がある。血液中につねに正しい量の薬剤が流れていなければ、薬の空白地帯ができ、ウイルスが目覚めて急速に増殖するチャンスを与えてしまう。ウイルスが変異を起こして薬剤への耐性をつくるのは、まさにそういうときなのである。

それにしても、口に苦くかさばる薬ばかり。白く分厚い円盤形の錠剤を手のひらにのせていじりながら、「これ、本当に人間の薬？　馬用じゃないの？」とジャクリンに尋ねる患者もいる。まるでチョークの塊みたいに喉に引っかかる。つぶしてゼラチンのカプセルに詰めないと飲み込めないものもある。べっとりしたシロップ状のものは、飲むと舌がチカチカし、喉の奥に金属のような後味が残る。いくら水で薄めても、その嫌な味を消すことはできない。

むかつきあえぎ、唾を吐き出し、水を飲む。再び錠剤を口に押し込み、水を飲む。そのくり返しだ。それに、ジムの帰りに店に寄って恋人のために花とワインを買い、すっかりリフレッシュして気分は最高と思っている日でさえ、数時間おきの服薬がいやおうなしに思い出させる。自分は健康じゃない。ウイルスに感染しているんだと。

いっそポケベルの電池を抜いて引き出しの奥にしまい、カモフラージュのため市販薬の小瓶に詰め替えてある錠剤から目を背け、薬もなければＨＩＶもない「ふり」をしてしまったほうがどんなに楽か、と思う日もあった。

それでも、完全な治療法が見つかるまで、患者の体からウイルスを追放できるまでは、多剤併用療法以外に彼らの命をつなぎとめる手段はないとユップは信じていた。この療法こそが流行を食い止める鍵であると確信していた。毎年のように、一流のＨＩＶ研究者たちが口をそろえて、あと二年でワクチンができる、もう一歩手前まできている、と豪語する。しかし一九九六年になっても、今なおワクチンは存在しない。

だから手元にあるもので対処するしかないのだ。そして、薬の組み合わせをより単純化し、錠剤の数を減らし、副作用を軽減できれば、患者により優しく、ウイルスにはより厳しい治療にできるはずだとユップはわかっていた。

併用する薬剤の種類を減らして毒性を弱める方法の一つは、プロテアーゼ阻害剤を作用機序の異なる別の薬剤に変えることだ。しかし、抗ＨＩＶ薬のうち、最も強力なのがプロテアーゼ阻害剤であるため、別薬に変えてウイルスをたたく手を一時的に緩めるわけにはいかない。そこでユップは、プロテアーゼ阻害剤の副作用を回避する投薬がうまくいくかどうかを調べるために、きわめて重要性の高い大規模な臨床試験を二つデザインした。

「アトランティック・スタディ」と名づけられた第一の研究では、一部の患者にネビラピンを、ほかの患者にはプロテアーゼ阻害剤であるインジナビルを投与した。その結果、ネビラピンを飲んだ患者にはインジナビルを飲んだ患者と同様の好転が見られた。試験開始時に何千ものＨＩＶ粒子が血液中に流れていた患者でも、結果は同じだった。

併用する薬からプロテアーゼ阻害剤を除いても問題ないことを証明するためにユップがデザインしたもう一つの実験は「２ＮＮスタディ」である。この実験では、ネビラピンと、同一クラスの新薬エファビレンツを比較した。いずれも逆転写酵素を阻害する薬である。まず患者を四つのグループに分けた。そして、ネビラピンを一日一回または二回服用した場合、エフィビレンツを服用した場合、両方を併用した場合を比較した。以上と併せて、すべての患者にＡＺＴと同一クラスの二剤も服用させた。

結果は、エファビレンツのほうが多少はよいが、ネビラピンも効果が確実な薬として、選択肢に残すべきということだった。他方で、両者を併用するのはよくないということがわかった。副作用が増えるだけで、抗ＨＩＶ効果が増すわけではないからだ。試験中二人の患者がネビラピンが原因で死亡した。そのうちの一人は、薬のせいで肝臓が肥大して亡くなった。また、もう一人はスティーヴンス・ジョンソン症候群という、薬の副作用で起こりうる重篤な皮膚症状を発症した。皮膚が水ぶくれのようになって広い範囲でむけてしまった末に死亡したのだった。

だがこれらの二つの研究を通じて、ネビラピンや同一クラスの薬剤とＡＺＴのような薬剤とを組み合わせるのは、治療の選択肢として有効であることがわかった。錠剤の数が減り、食事の制限も少なくなり、プロテアーゼ独特の太鼓腹や水牛みたいなこぶができることもない。血管の内側に溜まる脂肪も少なくなり、胃の不調も軽減できた。しかも、どうしようもなくなったときのために、プロテアーゼ阻害剤をとっておくことも可能になる。つまり、それ以外のクラスの薬剤に対してウイルスが耐性を持つようになったときに、バックアップとしてプロテアーゼ阻害剤に頼ればよいのだ。訳注2

この強力な組み合わせは、多剤併用療法「HAART（highly active antiretroviral therapy）」と名づけられた。HAARTが生まれたのは一九九六年、ユップとヘレーンの五人目の子どもが誕生したのと同じ年だ。ユップは、フランツ・カフカが特に気に入っていた末の妹オティリー・カフカの愛称にちなんで、その子をオットラと名づけた。

家でオットラがくんくんと喉を鳴らしたり泣いたりするたびに、母親と四人の兄や姉たちが大騒ぎしているのを見て、ユップはますます発展途上国の赤ん坊を救いたいと考えるようになった。そこでは一分に一人の勢いで子どもがHIVに感染し、そのほとんどが出生時の母子感染だ。サハラ砂漠以南の一部の地域では、HIV陽性の母親から生まれた半数近くの子どもが、産道を通り抜けるときにウイルスに感染していた。

オットラが生まれて間もなく、ユップは「PETRAスタディ」と呼ばれる臨床試験にとりかかった。その目的は、投薬によりHIVの母子感染が防げるかどうかを調べることだ。彼の研究チームは、南アフリカ、タンザニア、ウガンダの三カ国で、二万三〇〇〇人を超える妊婦にHIV検査をし、陽性だった者二〇〇〇人近くを研究対象とした。カンパラの友人、エリー・カタビラのムラゴ病院にいる妊婦も被験者となった。

妊婦たちは三つのグループに分けられた。第一グループの妊婦は、妊娠三六週目に入ってすぐAZTとラミブジンを毎日服用し始め、分娩中と産後一週間のあいだ薬を飲み続けた。同時に、新生児に

164

もＡＺＴもしくはラミブジンのシロップを一週間飲ませた。

第二グループの女性たちは、分娩中に薬を服用し、産後一週間は母子ともに薬を飲ませたが、妊娠期間中は薬を与えなかった。第三グループの女性たちには、分娩中だけ投薬し、産後は薬を与えず、子どもにも与えなかった。

その結果、第三グループの子どもの状態がいちばん悪かった。まったく薬を飲んでいない母親から生まれた子どもと何も変わらなかった。一方、第一グループの子ども――妊娠期間の終盤、分娩中および産後一週間にわたって投薬を続けた母親から生まれた子――は、ＨＩＶに感染する確率がだいぶ低かった。ユップが計算したところ、第一グループでは子どものＨＩＶ感染率は六三パーセント減り、第二グループでは約四〇パーセント減ったのだ。

ユップは大喜びした。ＨＩＶに感染した母親からでも、健康な赤ちゃんは生まれるのだ。ＨＩＶ検査で陰性の結果が出るたびに安堵し、少なくとも一部の子どもに関しては、ＨＩＶ感染を克服できるという確信を強めた。

しかし、喜びは長くは続かなかった。ユップと研究チームのメンバーらは、数カ月おきに母子を診察し、子どもの健康状態の確認をしていた。最初のうちは、何も問題はないように見えた。赤ん坊はみな元気に育っており、健康で、歯が生え始め、はいはいするようになっていた。ところが一八カ月を迎えるころになると、ＨＩＶ陰性の結果が出なくなった。全員が陽性反応を示したのである。

いったい何が起きたのか？　薬が一時的に効いて、その後効果がなくなったのか？　子どもたちに

訳注２　最近では、たんにＡＲＴもしくはｃＡＲＴ（combination antiretroviral therapy）とも呼ばれている。

は数週間おきにＨＩＶ検査をしており、いつも陰性だったのだから、薬は効いていたはずなのに？

この問題の原因は、なんと母乳だった。ウイルスは母親の母乳の中にいて、乳首を通じて赤ん坊の口に入っていたのだ。愕然とするような発見だった。何のための臨床試験だったのか。妊婦が毒性の強い薬を何週間も飲む負担や、かかった費用は、何のための犠牲だったのか。もしＨＩＶ陰性で生まれても、乳幼児の段階で陽性になってしまうなら、まったく意味がない。

この問題の単純な解決策は、生まれた子に粉ミルクを飲ませることだったが、粉ミルクは高価だし、どこにでも売っているわけではない。それに何と言っても、子どもがほ乳瓶をくわえているのを見られてしまったら、それこそ危険なのだ。あの母親はけがれたウイルスを持っているに違いないと思われ、近所じゅうのあざけりを浴びることになる。嫌な女。病気持ちに決まってる。そうじゃないなら、なぜ赤ん坊におっぱいを吸わせないんだ、と。

また、粉ミルクのもう一つの問題は水で混ぜなければならないことだ。ＨＩＶよりも不潔な水のほうが先に赤ん坊の命を奪うことになりかねない。ウガンダのような国では、水の中にいる寄生虫やバクテリアが命にかかわるひどい下痢を引き起こすのだ。

だから、女性たちに母乳をやるなとは言えない。とにかくそれは選択肢になりえない。となると、子どもがおっぱいを飲んでいるあいだは、ずっと抗ＨＩＶ薬を飲ませ続けるしかない。そこで、それを試すため、ユップは次に「ＳＩＭＢＡスタディ」と呼ばれる臨床試験をデザインした。今度は、彼の研究チームはルワンダとウガンダで四〇〇人近い妊婦を募り、臨月になってから産後一週間までのあいだ、ＡＺＴとラミブジンを与えた。子どもたちは、出産直後から授乳期のあいだじゅう、ラミブジンもしくはネビラピンを飲ませ続けた。また、母親たちには、離乳した後一カ月間は子どもに薬を与えるように指示した。

その結果、この単純な薬の組み合わせで、子どもたちに母乳のメリットをすべて与えながら、HIV感染も防げることがわかった。このカクテル療法を用いることにより、母乳を介しての母子感染のリスクは、一五パーセントから一パーセントにまで減らせたのだ。

ただし、この結果を患者に伝える際には、十分気をつける必要があった。ユップは母親たちや臨床試験のスタッフに、「たとえお母さんがHIVに感染していても、とにかくおっぱいがいちばん」と、くり返し伝えた。最も危険なのは、母親が、母乳や粉ミルクや食べ物をごちゃまぜに子どもに与えてしまうことだ。食べ物が病原菌に汚染されていたら、赤ん坊の消化器官の繊細な粘膜が傷つけられ、母乳の中のHIVが赤ん坊の血管に侵入しやすくなってしまうからだ。

それは、科学と文化、この病気特有の負の烙印《スティグマ》と生き残りをかけた闘いが複雑に交錯する難しい問題だった。ユップは自分の苛立ちを抑えるのに苦労したが、心のうちでは楽観のほうが勝っていた。その思いをいっそう強くさせたのは、彼がすでに、HIVの問題を社会正義と人権というレンズを通して見る医師や科学者、看護師や活動家、社会学者や人類学者たちの仲間入りをしていたからかもしれない。

それは、ユップのほか、WHOのエイズ世界対策本部（GPA）の初代所長を務めたアメリカの医師、ジョナサン・マンのような人々が率いる世界規模のネットワークだった。ジョナサンは、WHOを辞職後、ユップが入る数年前の一九九〇年に、保健と人権をつなぐ組織「ヘルス・ライト・インターナショナル（Health Right International）」を立ち上げた。その後彼はアレゲニー保健科学大学公衆衛生学部（現ドレクセル大学公衆衛生学部）の学部長となった。

ユップと同様、ジョナサンも、だれもが同じように医者にかかれるようにするため全世界への医療の普及を推進しており、何らかの進歩があるように思えることもあった。たとえそれが赤子の一歩にすぎなくても、進歩であることに変わりはなかった。ところがジョナサンは、ユップが想像もしなかったような恐ろしいできごとに見舞われたのだ。

一九九八年九月二日の夜、ジョナサンとその妻、ジョンズ・ホプキンス大学でＨＩＶワクチンを研究していた科学者のメアリー・ルー・クレメンツ＝マン博士は、ニューヨークのジョン・Ｆ・ケネディ空港から飛行機に乗った。ＨＩＶ／エイズの流行を止める戦略について発表するため、ジュネーブに向かうところだった。会合はＷＨＯと国連で開催される予定で、彼らの乗ったスイス航空１１１便は、よく国連（ＵＮ）職員を乗せて大西洋を往復していたことから、「ＵＮシャトル」というあだ名で呼ばれていた。

ジョナサンとメアリー・ルーを乗せた飛行機は、離陸してから一時間一五分後、カナダのノバスコシア沖の大西洋に墜落した。乗っていた二二九名は全員死亡した。機内娯楽システムから発生した火花による火災が事故の原因だった。

エイズ関係者たちはみな動転した。ユップは、この事故でＨＩＶとの闘いの先頭に立っていた科学者を二人も突然奪われたことにショックを受けた。互いに愛し合い、エイズはただの医療問題ではなく人権上の大惨事であると世界に訴えるために闘っていた二人を失ったのだ。ユップの反応はただ一つ。今までよりもいっそう努力すると自分に誓ったのだった。

ジョゼ・サラマーゴの異端の神父は、その機械仕掛けの飛行体を一夜で組み立てたわけではない。パッサローラを造りあげるために何年も費やしている。火刑になるのを恐れて、人目を忍び、情報や材料を集めながらこつこつと造り続けたのだ。バルタザルの力と、それ以上に、人の意欲をとらえる能力を持つブリムンダの助けを借り、一つひとつ部品を付け加えていく。そして、そのさっそうとした機体が少しずつ大きくなるにつれて、この飛行船が自分たちを救うことになるのだという三人の信念も膨らんでいった。しかし、その信念を動力にして飛んだ飛行船は墜落する。神父は正気を失い、恋人たちは生き延びるための闘いに追われることになるのだ。

ユップはわかっていた。人生には、嬉しいひと時もあれば恐怖におののく時もある。進歩には後退がつきものだし、不条理を正すには、時間と忍耐力を要する。ほかの病気と比べると、ＨＩＶ関連の医療は急速に進展していた。ユップがジョナサンの辞職から五年遅れてＷＨＯを辞めた一九九五年の時点で、抗ＨＩＶ薬は六種あり、いずれも八年という期間の中で発見され、承認されたものだった。その一九九五年からジョナサンが亡くなる一九九八年までには、新たに八種の薬が開発されている。その間には、治験が行われガイドラインも策定された。多くの人の努力に支えられた進歩ではあったが、まだ十分ではなかった。

物語の中で、宗教裁判を逃れようとした異端の神父は、人目を忍んで努力を重ねるが、そこに描かれているのは信念だけではない。描かれているのは、一見不可能と思える壮大な考えを実現しようとするとき、その行く末を自分で見定め、他人の考えに左右されない人間の姿なのだ。

ユップも先駆者となり、勇気を持って発言する必要があった。ジョナサンとメアリー・ルーの遺志を継ぎ、世界の最も貧しい女性や子どもたちにも最良の薬が届くようにしたい――それはまさに、ユップがムラゴ病院でエリーと語り合い、みずからに誓ったことだった。そのためには、ユップは革新者になる必要があった。

そして彼はすでに着手していた。ＷＨＯを去ってから数カ月後、ユップはアンダマン海に浮かぶ山がちな島にいた。プーケット島は、熱帯雨林に覆われた島で、海岸にはトルコ石のような明るいブルーの温かな波が寄せた。ある日の午後、タイの冬の暑さに汗をかきながら、ユップは二人の友人、デイヴィッド・クーパーとプラパン・パヌパックと会い、一緒に計画を立てた。

三人は、製薬会社グラクソ・ウエルカムの役員の招待でプーケット島に来ていた。他社と同様、グラクソ・ウエルカムも、しばしばこのような高級リゾートで医療関係者の会議を開催する。太陽とフルーティーなカクテルで、仕事と遊びの境界線をあいまいにさせる狙いがあるのかもしれない。

デイヴィッドは、オーストラリアの免疫学者で、オーストラリアで初めてのエイズ患者を診断した。タイ人の医師プラパンは、タイで最初となった三人のエイズ患者の診断を行っている。バンコクにあるタイ赤十字エイズ研究センターの所長で、タイ王室の専属医師でもある。また、エリザベス・テーラーのようなハリウッドスターがタイのエイズ病棟を見学する際にも付き添った。

二人とも以前にユップが主導するWHOの運営委員会に参加していた。だらだらと何日も続く会議の合間に三人は仲よくなり、日ごろの苛立ちを分かち合っていた。いったいなぜ、アジアやアフリカで起きている流行病対策についての意思決定を、ジュネーブのような都市で会議室の円卓を囲んで、白人の医師らがやっているのか、と。

薬が開発されるハイテクの実験室。それらの薬が試される最先端の臨床研究ユニット。そして臨床試験を任される博識の研究者たち。ユップやデイヴィッドが働いている環境はそういった場所であり、HIVのホットスポットとして、急速にアフリカのサハラ砂漠以南地域に追いつきつつあるアジアではなかった。

一九九〇年代の半ばには、一〇〇万人に近いタイ人がHIV陽性者になっていた。その多くは注射器を使う麻薬常習者だったが、不可解なことに、その者たちは次々と姿を消していた。彼らの切断された遺体が路地裏や海岸で発見されることもあった。麻薬中毒になった罰として、殺されていたのだ。

タイのエイズ流行がいちばんひどいのは、数年前にユップがクリス・バイラーを訪ねて行ったチェンマイのような北部の町だった。そのとき地元のエイズ病棟を見学したことがきっかけで、ユップはある臨床試験を始めることを思いついた。そして、エイズ患者の半数が患っていたペニシリウム症に最も有効な治療薬を見つける手助けをしたのだった。ユップは、そのときのような研究をもっとやりたいと思った。苦しんでいる人が最も多くいる場所で、臨床試験を行いたかった。

しかし、とかく製薬会社は、言葉が通じ、インフラにも馴染みがあり、自分たちが舵取りしやすい場所に研究者たちを置いておきたがる。実験室やスタッフを選別する際も、ＦＤＡ（米国食品医薬品局）のような医薬品の承認機関による厳しい点検を望む。となると、「やはりヨーロッパか北米かオーストラリアでやらせてください」ということになるのだった。

今世界でいちばん必要なのは、タイに臨床試験センターを作ることだ、と、ユップ、プラパン、デイヴィッドの三人は、プーケットのリゾートでビールを飲みながら意気投合した。それも、ロンドンやニューヨークのセンターに引けをとらないような施設でなければならない。新興国が最先端の臨床試験施設を持てない理由はないだろう？

三人は、バンコクを臨床試験が行われる拠点の一つにしたかった。ＨＩＶに感染している人は全員臨床試験に参加させるべきだ、というのがユップの考えだった。それ以外に、彼らが最新の治療薬を飲む方法はないからだ。もしバンコクに臨床研究センターを設立すれば、タイの患者たちは、検査を受け、治療を受け、臨床試験に参加できる。それに、たとえわずかでも、欧米とアジアの力の不均衡を是正する一歩にもなるのだ。

必要なものは三つ。資金、薬、そして医療機器だった。だれかにその提供を依頼するなら、今回プーケットに招待してくれた人たち以上にふさわしい相手はいないのではないか？　グラクソ・ウエルカム側は、重要な知識を得るために専門家を集めたのだろうが、ユップとプラパンとデイヴィッドは、立場を逆転させ、自分たちが主導権を握ろうとしていた。

そこで、ある日の午後、長いプレゼンテーションがいくつか終わった後、三人はグラクソ・ウエルカムの職員に協力を申し入れた。熱帯の太陽にあやかり、温かい返事をもらえることを期待した。そして、ピリッと辛い昼食のグリーンカレーが効いたのか、夜の海水浴に誘ったことがよかったのか。もしかしたら、押しの強い説得（ユップ）と穏やかな人あたり（プラパン）、そして忍耐力（デイヴィッド）という三人の絶妙なコンビネーションが、グラクソ・ウエルカムのスタッフの心をつかんだのかもしれない。とにかく、答えは「イエス」だったのだ。こうして、バンコクに臨床研究センターを設置するために、製薬会社が協力してくれることになった。

ひとたび製薬会社一社をものにすると、ほかのライバル会社に対して話がしやすくなった。たとえば、F・ホフマン・ラ・ロシュやベーリンガーインゲルハイムに対して「なぜ貴社は、発展途上国での研究開発に協力的ではないのですか」と、もの申すことができるのだ。

その冬の会合から四カ月後、プラパンは彼らの新しい組織の代表者となっていた。その名もHIV-NAT。後半の三文字は、ユップら三人組の出身国、オランダ・オーストラリア・タイ（Netherlands・Australia・Thailand）の頭文字だ。この臨床研究センターが後には臨床試験ネットワークの一員となり、新薬の試験を行う拠点として国際的に認められた施設に成長していくことを考えると、はじめの一歩は実に控えめなものだった。

プラパンはHIV-NATの運営をタイ赤十字社の一室で行った。少人数から成る彼の運営チームは、狭いスペースに制約されることなく、一九九六年の冬に開始する臨床試験への参加者を何十人も募った。HIV-NATはその後もHIV／エイズ研究の世界に大きく貢献していくことになるが、その第一号となったのがこの臨床試験である。

HIV-NATが行った初期の臨床試験では、併用剤に用いる薬の組み合わせを比較した。組み合わせは二通り用意し、いずれにもプロテアーゼ阻害剤は使わなかった。西洋の患者がその副作用に苦しみ、ユップが自分の患者のためにより毒性の弱い併用剤を模索したかったことも一つの理由だが、それ以前に、プロテアーゼ阻害剤は高すぎて、タイの患者たちには手が届かない。サキナビルの価格は年間六〇〇〇ドルだったのだ。

プラパンとそのチームは、バンコクにあるタイ赤十字社チュラロンコン病院とシリラート病院の患者を対象に試験を始めた。患者たちをグループごとに異なる組み合わせの併用剤で治療しながら、その経過を観察した。そして約一年が経過した段階で、血液中のＨＩＶの量を調べるため、両グループとも血液検査を行った。

プラパンは、三剤併用グループの患者たちに関しては、薬剤カクテルの効果でウイルスの増殖が抑えられているはずだから、血液中のＨＩＶの量は少ないだろうと予想した。しかしそれどころか、ＨＩＶ粒子はまったく見当たらなかった。そこで彼は、血液一ミリリットルあたり最低五〇個のＨＩＶ粒子でも検出できる超高感度の機械で再検査した。すると、確かに一ミリリットルの血液中にわずかながらＨＩＶの痕跡があるではないか。プラパンは実験ノートを開き、それらの患者たちのＩＤ番号のとなりに「検出不能」と記入した。薬剤がＨＩＶを抑制し、血液の中にほとんどウイルスが残っていない状態にまでなっていたのだ。それ以降、「検出不能」が目指すべき新たな目標となった。

ところで、この世に赤ん坊の命ほどか弱く尊いものはないと思われがちなのに、小児医療の研究の歩みは、大人の医療よりも一歩遅れていることが多い。ＨＩＶ治療でもそうだった。世界じゅうの医者が、最も小さい患者たちに抗ＨＩＶ薬を処方するとき、その用量については勘に頼るしかなかった。製薬会社は迅速に薬の承認を得るために、大人だけを対象にして、駆け足で治験を実施してきた。その結果、いざ薬が出まわっても、小児科医は計算機と鉛筆を手に、小児に投与する薬の量を、体重七

○キロの大人の用量をもとにして自分で算出するしかなかったのだ。

そこで、HIV-NATの研究チームは、いちばん小さい患者たちに与えるべき薬の組み合わせの臨床試験を行った。プラパンはチュラロンコン病院で、HIVに感染した母親から生まれた子どもを対象に臨床試験を行った。まず新生児全員にスタブジンとジダノシンを投与してから、三つのグループに分け、それぞれに異なる分量のプロテアーゼ阻害剤ネルフィナビルを与えた。

このようにして、それぞれの薬について正しい用量が定められた。そこで得られた情報は、バンコクの狭い事務所をとび出して、アトランタやバーミンガム、さらに各地の小児科病院へと、次々に広がっていったのである。

HIV-NATの活動は、地元にもよい影響をおよぼしており、ユップとジャクリンにとって、その意義は大きかった。ジャクリンはユップのHIV-NATでの勤めを管理するのを手伝う一方で、スタッフとともに看護プロトコールの作成にあたっていた。彼女はアムステルダムで看護師として働き始めたころにそれをやった経験があり、どうすれば看護スタッフが患者に寄り添う最高のケアを提供しつつ、自分たちがやる気を失ったり過労で倒れたりすることを防げるかを考えるのが得意だった。このように、ユップのそばでジャクリンがHIV-NATの看護師や研修生たちの面倒を見た。やがて、地元のスタッフを雇い、チーム体制を築いていくうちに、ユップは、タイの若い医者たちの才能を育て、彼らがキャリアを積んでいく手助けをしたいと思うようになった。

「きみは博士号をとって教授になることを考えたことはある？」ユップは、HIV-NATのタイ人医師、ジンタナット（ジン）・アナンウォラニッチに尋ねた。彼女はアメリカで小児科医としての訓練を積んでいた。シカゴ大学で研修医をした後、特別奨学金を得てヒューストンのベイラー医科大学に移り、一時はNIHのアンソニー・ファウチ博士の研究室にも在籍している。実は彼女はどうしてもベイラーで博士課程に進みたいと思い、それを目指して準備していたが、母親が乳癌になり、世話をするためにタイに戻ってきたのだった。

「もちろん博士課程をやりたいです」と、彼女は答えた。

ユップが言うと、まるで不可能なことなど何もないように聞こえたが、実際にそれを実現させるのはジャクリンの役目だった。彼の思いつきを貼り合わせて、ほんものの書類に作り変えるのだ。ユップが壮大な計画を描いて口約束を乱発する傍らで、ジャクリンは、締め切りやビザや提出書類などが気になっているジンのメールに返信した。また、ユップがプラパンの娘ニタヤの進学を支援すると言いだしたときも、彼女が博士号をとれるように書類に不備がないか確認をしたのはジャクリンだった。

ジャクリンは以前アムステルダム大学の事務局で働いたことがあったので、だれにどの問い合わせをすればよいかを知りつくしていた。ユップが一人また一人と、タイの学生を博士課程に送り出すたびに、ジャクリンは、その一人ひとりが留学先でうまくやっているか、世話が行き届いているかを確かめ、無事に卒業できるように気遣った。

さらに、ユップは学生たちの流れを双方向にしたいと考えた。そこで、オランダの学生たちがHIV-NATに来て研究プロジェクトに取り組み、プラパンの仕事から学べるようにしたらどうかと提案した。そして、いつもの熱意でこの提案を推し進めた結果、じきにアムステルダムから意欲に満ちた若い研究者たちがバンコクにやってきた。ただし、ユップは十分な手配をしていたわけではなかったので、タイの受け入れ側はてんてこ舞いした。何とか資金をかき集め、学生たちの研究費と滞在費を援助するしかなかった。

HIV-NATは、開設当初から、毎年バンコクでシンポジウムを開催し、タイの医師と世界のエイズの専門家を引き合わせる機会を作った。ジャクリンは毎年一月の会議が滞りなく運ぶように努めた。ただ、会議の前日にユップが突然電話をかけてきて、自分は出席できないとプラパンに伝えることもあった。「悪い！　トリプルブッキングしてしまっていた！　また今度な！」プラパンは講演者の出演順序を入れ替えるなどして、欠席するユップの穴を埋めるのに苦心した。

そういうときもジャクリンがフォローし、ユップに代わってお詫びの電話をかけメールを送った。そして、その日は別の二カ所に呼ばれてしまっている。身は一つしかないので申し訳ないが、心はいつもこの場にあるので許してほしい、と、そつなく伝えるのだった。

ユップとジャクリンの共同関係は、バルタザルとブリムンダの関係によく似ていた。ともに一つの目標に向かってまっしぐらに進む二人は、エイズを患う人々の苦しみを終わらせることに情熱を注いだ——ユップは大胆な発想と粘り強さで。ジャクリンは優しさと人柄の魅力で。そして、ほかの人たちも動員して、ユップの構想を目覚ましい現実へと導くために、ジャクリンはその力を発揮した。

彼女には、人々の心の奥深くに働きかけ、その意欲を酌んで、仲間に引き入れる包容力があった。一方で、ユップが同僚に足を引っ張られるときや、考え方が常識外れだと言われてしまうときは、彼の怒りを静め、再び業務に集中できるよう誘導した。ジャクリンは、彼の怒りの原因が、この病気をめぐる不条理だけでなく、ときに同業の医師・研究者たちが十分創意や誠意を見せてくれないことへの苛立ちでもあるとわかっていた。そして、その真剣な思いを理解しない人々から彼を守りたかった。「もっと革新的にやるべきだ」とユップは言った。「彼らは現状維持で満足しているだけじゃないか」と。

パッサローラが墜落したとき、バルタザルとブリムンダは避難する場所を探してさまよった。そしてバルタザルは考えた。自分たちは、何かもっと深くて神秘的な秘跡によって結ばれているのではないかと。ユップとジャクリンも同じことを感じていた。二人の絆をもってすれば、人々の苦しみや野心にさいなまれることがあっても、耐えられるに違いない。

　ある日、バルタザルが飛行船に戻って修理をしていると、パッサローラはふいに宙に浮き、翼にバルタザルをぶら下げたまま飛び立った。ブリムンダは愛する人のゆくえを探してポルトガルじゅうを歩き、九年もの長い年月が過ぎた。そしてついにバルタザルを見つけたのは、宗教裁判による異端者の火刑場。彼は柱に縛られ、火あぶりになるところだったのだ。ブリムンダは彼を救うことはできなかった。彼女にできたのは、大切な人の信念を受け止めることだけだった。

第七章　エイズ否認論の出現

南アフリカの大統領は、現実を受け入れようとしなかった。つまり、エイズの原因はＨＩＶではないかもしれない、と考えていた。

アパルトヘイト廃止から六年後、新世紀の春を迎えたというのに、国民が次々に死んでいく。南アフリカにおけるＨＩＶの流行は、世界で最も深刻で、最も急速に広がっていた。一日に二〇〇〇人の南アフリカ人がＨＩＶに感染し、毎週何千人もがエイズで亡くなっている。それでもなお、大統領はその原因がＨＩＶであることを疑っていたのである。

そこで、大統領は諮問会議の開催を呼びかけた。二〇〇〇年五月六日、首都プレトリアにて、世界屈指の科学者三十数名もが一堂に会した。その半分はＨＩＶ肯定派、残りの半分は否定派だ。最初の議題は「エイズによる死をもたらす免疫不全の原因は何か？」だった。

すでに一九八四年にその科学的確実性が証明されているはずのＨＩＶの発見が、改めて議論されるというその日、大統領は会議のオープニングを詩の一節で飾った。

Since the wise men have not spoken, I speak that am only a fool,

大統領が読みあげたのは、パトリック・ヘンリー・ピアースの『The Fool（愚か者）』という詩の[訳注1]冒頭の一行だ。世界じゅうから集まった科学者たちは、席に着き、落ち着かない様子だった。出席者の中には、一七年前にＨＩＶの発見に貢献したアメリカのウイルス学者、ボブ・ギャロの顔があった。少し離れた席には、ＨＩＶは無害でありエイズの原因ではないと主張する、カリフォルニア大学バークレー校のドイツ出身の科学者、ピーター・デュースバーグ。さらに、エイズは存在せず、検査するのをやめてしまえば消滅すると考えるアメリカの生物学者、デイヴィッド・ラスニックも出席していた。

また、ＨＩＶの発見をめぐってボブと争ったリュック・モンタニエも席に着いていた。その近くには、ユップの友人、ウガンダのエリー・カタビラもいる。エリーは濃いグレーのスーツを着て背筋を伸ばし、南アフリカの大統領がアイルランドの詩を朗読するのを聴いていた。

Yea, more than the wise men their books or their counting houses
or their quiet homes,
Or their fame in men's mouths;
A fool that in all his days hath never done a prudent thing.

ヘリーン・ゲイルも聴いていた。ヘリーンは小児科医で、米疾病管理予防センターの公衆衛生の専

訳注1　冒頭の一行は、「賢い者どもが語らざるゆえ、無知である我が口を開く」。次ページの詩の後半部は、「賢い者が知識や財や名声を愛する以上に、みずからの愚かさを愛し、賢明ではなくてもみずからの心に従って行動してきた愚か者」という趣旨。

門家でもあった。その向かい側には、南アフリカ医学研究評議会エイズ研究所長のサリム・アブドゥル・カリム、そして、初期のＡＺＴ治験に問題提起したニューヨークを拠点とする南アフリカ出身の医師、ジョゼフ・ソナベンドの姿もあった。

出席者は全員、南アフリカのムベキ大統領が、クリントン大統領やブレア首相をはじめとする世界の首脳に宛てて、ひと月前に送った全五ページからなる書簡の内容を知っていた。それは、科学が証明した事実――ＨＩＶが免疫系を破壊し、エイズを引き起こすということ――に対して、大統領みずから疑問を唱える権利を主張するものであった。その中で大統領は、アメリカにおけるＨＩＶの流行とアフリカでの流行に見られる主な違いを指摘し、西洋の考えがアフリカの国家に押しつけられることに反発したのである。

「我々はアフリカ人として、このアフリカ独自の惨状に取り組まなければならない」という書簡の文言が、『ワシントン・ポスト』紙にリークされた。「ＨＩＶとエイズの深刻な問題に関し、我々が西洋から何を学ぶべきか、学ぶであろうかはともかく、アフリカの現実に西洋の経験を単純に重ねて考えるのは非常識であり、論理的とはいえない」

大統領は、エイズという病気に対して画一的な対応をとることを拒もうとしていた。自国のエイズは西洋とは異なる様相を見せていたからだ。ヨーロッパやアメリカでは、ＨＩＶは主に（すべてではないが）男性どうしの性交によって感染が広がったが、アフリカでは異性間の性交で流行が拡大していた。また、アフリカのエイズ患者は西洋の患者と比べて早く死亡し、死者の数も多い。日和見感染の種類も西洋とは異なり、結核がはびこっている。

ムベキ大統領はだいぶ後になってから当時を振り返り、自分はエイズを否認していたわけではなく、たんに、広く信じられている概念に対して問題提起する権利を行使しただけだ、と主張している。書簡には、ムベキ大統領を中傷する者たちが周到に排斥運動を仕組んでいる、と書かれていた。さらに、南アフリカでつい最近まで少数派の白人による差別的な支配が続き、黒人の指導者や思想が激しく弾圧されてきたことについて、大統領は次のように述べ、世界の首脳たちの記憶を喚起しようとしたのである。

「先ごろまで、わが国では、人々が殺され、拷問され、投獄されていた。その者たちの考えは危険で信用ならないと当局ににらまれていたからだ。彼らの言葉を公に、あるいは個人的にも、引用することは禁じられていた。現在の我々に対する要求は、まさに当時の人種差別的アパルトヘイトの暴政によって強要されたことと同じである。なぜなら、大多数によって支持されている一つの科学的な考え方が存在し、それに対して異議を唱えることを禁じるものだからだ」

大統領は、ピーター・デュースバーグやデイヴィッド・ラスニックのような〝危険で信用ならない〟科学者たちの主張にも耳を傾けるべきだと主張したが、彼らをあざ笑う科学者は多く、ユップもその一人だった。ユップは彼らのことが大嫌いで、歯に衣を着せぬ批判を浴びせた。「ばかばかしい。こいつら、頭が悪いぞ」というのが、彼らの論文に対するユップの感想だった。

ところが、南アフリカの大統領は、彼らの言い分を聞きたがった。「人類の歴史を少しさかのぼれば、彼らのような人々は異端者として火あぶりになっていたに違いない！」と、四月の書簡には書かれていた。「我々が科学的検疫にかけようとしている科学者のなかには、ノーベル賞受賞者や、科学アカデミーに所属する方々、そして医学のさまざまな分野の名誉教授も含まれているではないか！」

確かにそうだった。ピーター・デュースバーグは、レトロウイルスの物理的特徴を詳しく説明し、その遺伝子を解読して、それらが健康な細胞を癌細胞に変えることを、世界で初めて示した科学者の一人である。デュースバーグがそのような地道な基礎研究をしていなければ、ボブ・ギャロやリュック・モンタニエが、エイズの原因がＨＩＶだという発見にたどり着くまでには、もっと時間がかかったに違いない。

「エイズ否認論」をめぐる論争が始まったのは一九八七年、デュースバーグが『キャンサー・リサーチ *Cancer Research*』誌に論文を発表したのがきっかけだった。ＨＩＶがＴ細胞を破壊していると見られるような方法で、レトロウイルスが細胞を殺すことはない、したがって、エイズの原因はまだ見つかったわけではない、と彼は主張したのである。

その翌年、デュースバーグは科学の世界で最も権威のある雑誌の一つ、『サイエンス *Science*』誌に自説を発表した。「ＨＩＶはエイズの原因ではない」と題し、ＨＩＶが生物学の基本的な原則に反すると考えられる六つの理由を列挙したのだ。

まず、エイズを患っている人全員の体内からＨＩＶが検出されるわけではない。また、ＨＩＶをチンパンジーに注射したり、誤って人に注射したりしても、エイズを発症しない。さらに、ＨＩＶは、エイズ患者のＴ細胞が劇的に減少することを説明できるほど、多くのＴ細胞に感染するわけではない。それに、もしＨＩＶがエイズの原因なら、なぜエイズ患者の血液のなかにはＨＩＶに対する抗体が多く含まれるのか？　抗体ができているなら、ウイルスがそれ以上の害をおよぼすのを防いでくれるはずではないか、と彼は述べた。

これらの議論はすぐにほかの科学者らによって切り崩されてしまったが、デュースバーグはカリフォルニア大学バークレー校の終身教授の地位を維持し、名誉ある米国科学アカデミーのメンバーであり続けた。それどころか、彼の名はノーベル賞候補にまで挙がった。受賞することはなかったが。

さて、彼の席の近くには、南アフリカの保健大臣、マント・チャバララ＝ムシマンの姿も見えた。この女性大臣はソビエト連邦で医学の勉強をしていたが、「エイズには根菜がいちばんよく効く」と主張したことから、「ビーツ博士」というあだ名がついてしまった。ビールもエイズに効くと彼女は言った。一方でAZTは「毒」だと言い、ヴィロディンという薬剤を推奨した。その原料には、人工皮革などを生産する際に使われるジメチルホルムアミドという強力な工業用溶媒が使用されていたが。

ヴィロディンは「どうしようもないほど説得力に欠ける」と、サリム・アブドゥル・カリム博士は、プレトリアの会議で自国の大統領がアイルランドの詩を読む二年前に、報道陣に述べていた。一九九〇年代の末には、チャバララ＝ムシマンをはじめとする大臣たちが、エイズ治療薬としてこの薬剤の使用を大いに奨励していたが、「ほかの皆さんと同様、私も政府の意図がわからず困惑している」と、サリムは語っている。

保健大臣は、HIVの母子感染を予防する薬を妊婦が服用するのを禁止する一方で、ハーブを調合した「ウベジャネ」と呼ばれる濃い紅茶色の飲み薬を勧めた。そのハーブ薬は、「HIV／エイズ診療所」の表示が出ている道端の売店で、古いプラスチックの牛乳瓶に詰めて売られていた。「営業中」とうたって、ガタついたテーブルにこの薬を並べさえすれば、飛ぶように売れて、ものの三〇分でなくなるのだった。

保健大臣が積極的に推奨したもう一つのハーブ由来の飲み薬は「セコメット・V」という飲料だった。アカツメクサのエキスで作られ、「国の希望」を意味する「Ithemba Lesizwe」という名で売られていた。その一方で保健大臣は、患者にAZTという毒を飲ませて殺していると言って医者たちを非難した。

なお、その後何年かして、ハーバード大学のジンバブエ人の医師が、南ア大統領のスピーチ、政策書類、会議の記録などを調べ、政府がとった措置に起因する死者の人数を推計した。それによると、政府がビーツやハーブ液を推奨し、妊婦が抗HIV薬を飲むのを阻止したことにより、命を落とした南アフリカ人は、三三万人にのぼると考えられる。

さて、二日間にわたるプレトリアでの会議と時期を同じくして別の場所で行われた会合が、さらなる騒動を引き起こすことになった。二〇〇〇年五月、製薬会社五社が、WHOやUNICEFを含む五つの国連機関と一堂に会し、官民連携（PPP）協定を結ぶための協議を行った。その目的は、発展途上国でHIVの治療プログラムを展開することである。

参加者は、ベーリンガーインゲルハイム、ブリストル・マイヤーズスクイブ、グラクソ・スミスクライン、メルク・アンド・カンパニー、そしてF・ホフマン・ラ・ロシュという、最大手の製薬会社の代表者たちだ。各社とも、HIVの感染率が高い国——南アフリカのような国——で販売する抗HIV薬の価格を下げると約束した。

この集まりは「Accelerating Access Initiative（抗エイズ薬供給推進イニシアティブ、以下、AAI）」と名乗り、各国政府や地域の組織に働きかけ、貧しい人々にも薬が届くようにする計画だった。それまでは、製薬会社による発展途上国での支援はHIVの予防が中心で、治療にはまだ協力していなかった。世界の貧困地域の人々にとって、薬剤は高価だし、用法が複雑すぎると考えられていたのである。

これら二カ所での会合は、いずれもその年の重要なエイズ会議を見すえて開かれたものだった。国際エイズ会議の初日となる七月九日、ダーバンの国際会議場には、入場証を首にかけた一万二〇〇〇人の参加者が、ぞろぞろと会場に入っていった。その年のテーマは、「沈黙を破る」である。

ユップはホテルの部屋で行ったり来たりしていた。彼は、国際エイズ学会（IAS）の次期会長に選出されていた。設立一二年目を迎えるこの団体は、隔年で国際会議を開いているが、この年は会議をボイコットするという声があがっていた。なぜなら、会議の開催地が南アフリカのダーバンであり、世界じゅうの活動家や医師、科学者たちは、同国の大統領や保健大臣によるＨＩＶ感染者の扱いに対し怒りを爆発させていたからである。それでも、ＩＡＳの運営委員会が開催を断行することにしたので、ユップはほっとした。会議は一九八五年以来続いているが、南半球で開催されるのは史上初めてになるからだ。

国際会議場の入口まで歩くと、通路の両脇では大勢の人たちが手をたたきながらズールー語で賑やかに歌っている。派手な文字で「ＨＩＶ陽性」と書かれた白いＴシャツ姿の女性のグループが見える。また、一人の男性が緑色のプラカードを振っており、そこには白い字で「製薬会社よ、人の命を犠牲にして儲けるのはやめろ」とある。また会場の中では、活動家たちが旗や黒のアームバンドを配っている。黒板には大きなピンクの字でメッセージが書かれていた。「沈黙を破れ」。「恐れるな」

冷房が効きすぎた大部屋や小会議室は、大勢の参加者でひしめいていた。さまざまな講演が同時に行われていたが、みな口々に「アクセス」という言葉を用いた。「すべてのＨＩＶ陽性者に、命を救う薬へのアクセスを」。ついに、ユップやエイズ活動家らが唱えてきた考え方に人々が追いついてきたのだった。

バングラデシュやタンザニアの科学者たちが、展示ホールのボードにポスターを貼っている。大学院生らは廊下に座り、膝の上でノートパソコンを開いて発表の練習をしている。新しい薬や治療法、ワクチン開発の見込みも話題になり、会場は高揚感に包まれていた。

その日、開会式にタボ・ムベキ大統領が現れ、ステージの中央に立った。「皆さんは今、国際エイズ会議の誕生以来初めて、アフリカで会議を行っています」。大統領はにこにこしながらそう言い、開催を喜んだ。開会式は、国際会議場からほど近いクリケット場で行われた。スピーチに先立ち、打ち上げ花火が夜空いっぱいにはじけた。頭上に硫黄の臭いが漂うなか、数千人の参加者が、白い折り畳み椅子に腰かけて、大統領の話を聴いている。その様子はテレビで生中継され、映像は会議場のほか、会議を見守る世界じゅうの人々に届けられた。

大統領の声は、スピーカーを通じて場内に響きわたった。「私は、すべてをたった一つのウイルスのせいにすることはできないのではないかと思ってきました」。すると、会場の人々が頭を振り始めた。「違う！　その話は俺たちには関係ないぞ！」「恥を知れ！」という声もあがった。

大統領は白人による支配を拒絶し、独立を喜び、「アフリカン・ルネッサンス」へのみずからの思い入れを披露した。そして、エイズ会議ですべてが改善すると期待しすぎてはいけないし、人々の命を奪っている最大の敵は貧困であり、ウイルスではない、と警告した。

「主な原因は貧困です。赤ちゃんがワクチンを受けられないのも、浄水や衛生が提供されないのも、治療薬やその他の医療がないのも、母親が出産で亡くなるのも、すべて貧困のせいなのです」と大統領は語った。

しかし、それは参加者たちが求めているメッセージではなかった。みなエイズについて話し合い、学び、エイズと闘うためにダーバンにやって来たのだ。むしろ、なぜ大統領が抗ＨＩＶ薬をもっと広く提供しようとしないのか、なぜ大臣たちが、効果が証明されている薬の代わりにハーブ液を推奨しているのかを知りたいと思っていた。何百人もの参加者たちがいっせいに席を立ち、クリケット場から出て行った。

この国際会議に先立って、ノーベル賞受賞者一一名を含む世界で最も優秀な医者・科学者たち合わせて五〇〇〇人以上が「ダーバン宣言」に署名していた。この二ページからなる条約には、ＨＩＶがエイズの原因であり、この単純かつ証明済みの事実をめぐって争うことは、人の命にかかわる、と書かれていた。

このダーバン宣言は、ムベキ大統領や保健大臣の発言、そしてピーター・デュースバーグとデイヴィッド・ラスニックの主張に対する直接の反論であり、その内容は会議の開催初日に『ネイチャー *Nature*』誌に掲載された。科学者たちは、ムベキ大統領がそれまでの立場を覆し、世界じゅうから集まった参加者の前で、「HIVがエイズの原因であり抗ウイルス薬によって治療できる」と、はっきり宣言することを期待していたのだ。ところが、大統領はそんなことはいっさい述べないまま、スピーチを終えた。

すると、巨大なステージの上に小さな男の子が姿を現した。憂いを含んだその子の大きな目が、聴衆やカメラやテレビモニターを見わたした。ンコシ・ジョンソンは、自分の前腕ほどもあるマイクをぎゅっと握って、笑顔を見せた。地厚の青いブレザーの襟には、エイズ支援のシンボルマークである赤いリボン。どうみても丈が五センチは長すぎる青い光沢のあるズボンの下から、緑と白のスニーカーがのぞく。ンコシは一一歳五カ月と六日で、生まれながらHIVに感染していた南アフリカの子どものうち、最も長く生きている少年だ。

一九八九年二月、ノントランドラ・ダフネはヨハネスブルグの東にある黒人居住区で、ンコシを出産した。その年HIVに感染した状態で生まれた子どもは七万人にのぼり、ンコシもその一人だった。赤ん坊のンコシは細くて落ち着きがなく、母親も少しずつ弱っていた。そこで彼女はヨハネスブルグのエイズセンターに助けを求め、そこで南アフリカ人の白人女性、ゲイル・ジョンソンに出会った。ゲイルは、ンコシを養子にした。

一九九七年のある日、ゲイルはンコシに、生みの母親がエイズで亡くなったことを打ち明けた。同じころ、ゲイルはンコシを学校に入れようとしたが、教師や生徒たちの親が一致団結して彼を締め出した。ゲイルが学校の入学書類にンコシがエイズに感染していることを正直に書いたことで、大騒ぎになってしまったのだ。争いは公になり、ンコシに学校教育を受けさせろという声があがった。ンコシは一気に注目の的となり、エイズを患って生活している子どもを代表する国際的スポークスマンにかつぎ上げられたというわけだ。

ンコシがマイクを唇に近づけ、頭をつき出すようにした。観客は静かに見守る。「ぼくは、政府がHIVに感染した妊婦さんにAZTを飲ませてくれればいいと思います。そうすれば、赤ちゃんにウイルスがうつらなくなるから」。ンコシは一語一語を強調するように左手を動かしながら話した。観客は拍手して歓声をあげ、ンコシは満足そうに歯を見せてニヤッと笑った。

ンコシは話を続ける。亡くなったお母さんに会いたい、お母さんはぼくのことが大好きだったのに、面倒を見ることができなくなった、なぜなら、お母さんは貧しくて、ぼくら親子は病気だったから。思わず嗚咽を漏らしそうになる観客も、ンコシがまだ話しているので、懸命にこらえ、流れ落ちる涙をふきながら話を聴いた。

「大きくなったら、ぼくはもっともっとたくさんの人に話をしたいです」と彼は言い、ゲイル・ママが許してくれれば、国じゅうをまわって話をするつもりだ、と希望を語った。

ンコシはその一一カ月後に亡くなる。わずか一二年の命だった。

エイズは第二のアパルトヘイトだった。南アフリカのHIVの流行は二種類に分けられた。その一方はンコシやその母親のような犠牲者を出す。そしてもう片方は、白人のエリート層、弁護士や実業家のあいだで広がっていたが、彼らには、怒りを込めた手紙を政府に送り強い薬や医者を要求する力があった。ダーバンの会議で初めてジョナサン・マンの追悼講演を行った南アフリカの最高裁判事、エドウィン・キャメロンもその一人だ。ジョナサン・マンがスイス航空111便の墜落で亡くなってから二年がたっていた。彼の存在は未だに惜しまれていた。

エドウィン・キャメロンは、中年の白人男性だった。博識で、公の目に触れる地位にあり、影響力もある。「私が今こうして健康でいられるのは、薬のおかげだ」と、エドウィンは力強い声ではっきりと伝えた。彼は、HIV陽性の南アフリカ人のほとんどが手に入れることができない薬を飲んでいた。ユップは、エドウィンが引用する統計をどれも熟知していたが、数値の一つひとつに改めて打ちのめされる気がした。HIV感染者一〇人のうち九人は、まったくと言っていいほど治療が受けられない所に住んでいる、というエドウィンの言葉の重みに、ユップも思わず首を振っていた。「それは、薬の生産自体がとてつもなく高いからではありません」と彼は言う。「実は薬は高いものではないのです」。エドウィンは製薬会社の価格設定の仕組みと、それを保護している国際的な特許や取引の制度を批判した。

その日エドウィンが演壇から送った希望と人権についてのメッセージは力強いものだったが、同じメッセージを伝えるのが黒人の南アフリカ人女性だとすると、話は別だ。一九九八年の暮れに、ググ・ドラミニは、エドウィンがスピーチをした国際会議場から数キロ離れた自宅にいた。三六歳のググは、HIVに感染していることを公表していた。実は彼女は世界エイズデーにラジオに出て、自分の身の上を話していたのだ。HIVをめぐる偏見を払拭したいと思ったからである。

数日後、ググは怒り狂った群衆に襲われた。近所の住人らは彼女を殴りつけて脅迫した。この病気になっている人はたくさんいるけど、みんな黙って耐えているんだ、とある男が言った。一二月二八日、ググは集団に石を投げつけられ、殺された。

ググが住んでいた黒人居住区クワマシュは、もともとアパルトヘイト政権によって設定された区域だが、今やその地域の住人の三人に一人はHIV陽性者だった。しかし、そこにはググを守ってくれる者は一人もいなかった。「ググ・ドラミニは沈黙を破った」と、エドウィンは聴衆に語った。「自分の命と引きかえに」

エドウィンはまた、ジョナサン・マンが四年前に国際エイズ会議でのスピーチで述べたことを紹介した。「エイズの流行で人々を分断している壁のうち、『最も蔓延していて有害なのは、貧富を隔てる壁である』とジョナサン・マンは言いました。彼がアフリカを離れて一四年たった今、この地で二五〇〇万人近くの命を奪おうとしているものは、その分断にほかならないのです」

エドウィンはその日の講演を「エイズの恐るべき沈黙（Deafening Silence of AIDS)」と題していた。ユップはその一語一語を食い入るように聴いた。

南アフリカでのエイズの流行はいっそう速いスピードで広がっている。世界のＨＩＶ感染者数は三六〇〇万人にのぼる。ユップは、製薬会社と国連が最近発表したＡＡＩのことを考え、早く行動を開始してくれることを期待した。だが、各国の政府が十分迅速な対応をするとは思えなかった。まったく何の対応もしていない国さえあるのだ。待っている時間はない。彼らが従来の使い古された援助や開発の計画案を出してくるまで、黙って見ている時間はないのだ。

この病気は、あらゆる意味で前代未聞の要素をかかえていた。その規模や広がりの速さ、しかり。また、社会の亀裂に虫メガネをあて、不条理を拡大して見せつける病気も、未だかつてなかった。だとすれば、従来どおりの対応で解決できるはずがないではないか？　この疑問がユップを新たな試みに駆り立てた。それは、彼がアムステルダムに戻った瞬間に開花することになる。

その前に、会議はまだ五日間残っている。死神に扮した人権活動家たちが、製薬会社のスタンドの前で地べたに横たわり、抗議行動を行う。科学の新しい成果や最新の傾向に関する発表が次々に展開される。ユップは、小さい街の電話帳ほどもある分厚い会議カタログを黒いリュックサックに押し込んで、部屋から部屋へ移動し、あちこちのセッションに顔を出した。そして後ろの壁にもたれて話を聴き、退屈したらこっそり抜け出していた。特に、聴衆の興味をかき立てて感情をゆさぶる講演者に好感を持った。

最新の開発のうち、特に関心が高かったのは、ＨＩＶがヘルパーＴ細胞に侵入するのを阻害する新しいクラスの薬の発表だった。侵入阻害剤または融合阻害剤と呼ばれるこの薬は、ＨＩＶの「外被」に付いている「棘」に結合することで、ウイルスがヒトの細胞に付着するのを妨害するのだ。

二番目に注目されていたのは、抗ＨＩＶ薬の服薬を中断するという一風変わった新しい治療戦略だ。ＮＩＨを構成する国立アレルギー・感染症研究所の所長、アンソニー・Ｓ・ファウチ博士は、みずからが行ったある実験について話をした。彼は、少人数の患者グループを対象に、抗ＨＩＶ薬の服用を短期間やめさせてみた。一部の患者は、薬を一カ月間服用し、一カ月間中断するということをくり返した。残りの患者たちは、一週間服用、一週間中止というサイクルにした。ファウチは、計画的治療中断療法（Structured Treatment Interruptions、以下、ＳＴＩ）と名づけた戦略で患者が体調を維持できるか、またそれにより耐性ウイルスをいくらか排除できるかどうかを調べたかった。

抗ＨＩＶ薬はウイルスが耐性をつくるのを誘引する。武術の対決さながら、わざわざ面と向かって「お前に何ができる？　どれぐらい強いのか、やれるならやってみろ！」となじったり刺激したりしながらウイルスを挑発しているようなものなのだ。そのうちＨＩＶのほうが巧みに変異し、薬の作用は妨害される結果となる。

このようにしてつくられた耐性ウイルスは、患者が薬を中断すると勢力を弱める、とファウチは言う。その代わり、もとのウイルスが復活するというのである。それゆえ、薬を再開したときに、そのＨＩＶを薬で攻撃しやすくなるのだ、と彼は述べた。この戦略は、免疫系の「殺し屋」であるキラーＴ細胞を活性化する効果もあるらしい。キラーＴ細胞は、有害な病原体に感染した仲間の細胞も容赦なく破壊する。だが、ＨＩＶは刺客の目を欺くことが多すぎるため、キラーＴ細胞はＨＩＶの侵入を受けた細胞を見逃すのだ。

投薬治療に休止期間を設けると、薬を服用している時間が短くなるので副作用が減るし、薬代の節約という利点もある。ユップはその皮肉をかみしめた。アフリカの人々が何とかして手に入れようとしている薬を、アメリカの患者たちは何とかして減らそうと考えているわけだ。

一方、冷水器の周りや受付ブース付近の立ち話でしきりと話題になっていたのは、カリフォルニアのバイオテクノロジー会社バクスジェンが開発したというワクチンだった。バクスジェンが行った試験の一つでは、そのワクチンを二回接種した被験者全員にＨＩＶの抗体ができたというのだ。抗体ができれば、ＨＩＶの感染を防げる。同社は現在、北米やタイで、七〇〇〇人以上を対象に、世界初のＨＩＶワクチンの大規模接種試験を行っているという。

「ＨＩＶは本当にエイズの原因なのか」というムベキ大統領の問いかけで開会された国際会議は、もう一人の大統領がそれを問い正す形で終わりを迎えた。閉会式では前大統領ネルソン・マンデラがステージに上がり、こう語ったのだ。

「もうあいまいな言葉でごまかすのはやめましょう。アフリカで今、前例のない規模の悲劇がくり広げられているのは明らかです」

その話にユップは打ちのめされた。まるで腹に何発もパンチをくらわされているようだった。この大惨事のけた外れな規模にただ圧倒された。それでも、見まわすと、一万二〇〇〇人の聴衆が総立ちになってネルソン・マンデラに歓声を送っている。自分一人で闘っているわけではない、とユップは改めて思った。

ようやく帰国したユップは疲れていたが、新しい思いつきに着手したくてうずうずしていた。荷解きをし、いつものように会議の入場証だけは職場に持っていくため別にしておいた。彼の事務所のドアには首ひもやチェーンがからまり合った太い束がぶら下がっていて、ＨＩＶに導かれて訪れた多くの土地を思い起こさせた。そして今度は、ＨＩＶに背中を押され、彼はビジネスの世界に飛び込もうとしていたのだ。

この病気特有の恐ろしい現実を知れば知るほど、ユップは医者よりもむしろ経済学者のような考え方をせざるをえなかった。この問題の最も強い原動力となるのがお金であるなら、わざわざ各国の政府の人権感覚に配慮する必要があるだろうか？　そもそも政府におもねる意味などないのではないか？

そう考えた彼はアフリカの最も貧しい人々に何としても薬を届けるという決意のもと、「ファームアクセス」という財団を立ち上げ、協力者を探した。そして最初に見つけたのがハイネケンである。このオランダのビール会社は、ビール製造では世界第三の規模を誇り、アフリカでは七カ国にわたる一八の工場で、三万人を雇用していた。安い労働力でコストを削減し、利益を上げていたのだ。

冷たいビールよりもグラス一杯のマルベック訳注2のほうが好みだという、この気短な医者の言うことにハイネケンの重役たちが耳を傾けたのには、それなりのわけがあった。「御社のアフリカでの将来を考えてみてください」とユップは言った。「このままでは、ビールを作る従業員も、それを買って飲む人もいなくなってしまいますよ」。それを聞いていたのが、アフリカでの業務の一部を代表するハンス・ファン・マーメレンである。彼はデータをもとに独自に数値をはじき出し、「何もせず自然に

訳注2　フランス南西部原産のブドウ品種マルベックを用いた赤ワイン。

任せていては、七年以内に会社の上層部の二〇パーセントはいなくなるだろう」と報道関係者に語った。

ハイネケンにとって、死は経験済みだった。アフリカにある最も大きい子会社の一つは、ルワンダのビール会社、ブラリルワだ。ブラリルワの工場は、キブ湖の砂っぽい湖畔にバナナの木に囲まれて建っているが、その付近の湖に何人もの遺体が浮いていたことがあった。ルワンダで虐殺が起きた一九九四年のことである。

ブラリルワで働いている人々は、戦争で従業員の半分がいなくなるということが何を意味するかわかっていた。戦後会社を再建するには何年もかかり、何百万ドルもの資金を要することもよく知っていた。HIVも、ある意味、戦争のようなものだ。

ルワンダやブルンジなどの国では、ハイネケンの従業員も大勢エイズで亡くなっていた。そこで一九八〇年代に、ブラリルワはエイズ教育と予防対策に乗り出した。従業員の多くに体重減少や咳などの症状が現れ、胸が痛み、腰が弱って、かがんでビール瓶のケースを積む作業をするのがままならなくなったからである。醸造工場の経営者たちが、従業員の医療費や葬式代を私費で工面することもあった。しかし、それだけでは不十分だった。

工場の外でも、HIVの感染は妊婦や赤ん坊、若者たちのあいだに広がっていた。従業員がどんどん命を落とし、雇用しようにも働き手はみるみる減っていく。ユップはいつもの調子でためらうことなく断言した。「もしハイネケンがアフリカの従業員にHIV検査と治療を受けさせなければ、その一〇億ドルの収益はいまに大きな打撃を受けるでしょう」

実は、ハイネケンはすでにアフリカの国々でHIVの検査や治療を行うプログラムを計画していた。その動機づけに一役買ったのが、製薬会社と国連機関がPPPにより発展途上国のHIV対策に取り組む、という前年の発表である。ハイネケンは、従業員の治療のために、研究室や診療所を含む物資と資金を提供することはできたが、実際にプログラムを始動させるのに必要な医療の専門的経験がなかった。

ユップはそこに自分の出番を見てとった。

ユップは、実効性の高い医療プログラムを立ち上げるのに必要な知識とネットワークを持ち合わせていた。未だＨＩＶ治療のガイドラインはなく、最初に使う薬や、一次治療に効果がない場合に使う薬についての勧告も出ていなかったが、ユップには研究室や臨床試験での経験がある。また、治療プログラムの一連の手順を組み立てる際に、助言を仰げる人との面識もある。

ユップにとってこのプログラムは、彼を批判する者たちに、アフリカでのＨＩＶ治療がうまくいくことを証明するチャンスだった。「一緒にやりませんか」とユップはハイネケンの役員たちに持ちかけた。「御社の従業員は死の危険にさらされているが、私たちと手を組めば、彼らを救うことができるのです」

ついにハイネケンは話に乗った。抗ＨＩＶ薬の世界に乗り出そうとしているビール会社にとって、ＨＩＶ患者の治療、ＷＨＯでの任務、臨床試験のデザインなどの経験を持つユップの存在は、心強かった。うまくいけば、お互いにウィン・ウィンの状況を作れるかもしれない。

ここで、ＡＡＩ、すなわちダーバンで発表された製薬会社と国連による連携活動が役に立つことになる。ルワンダなどでは薬の値段を大幅に下げ始めていたからだ。一人当たり年間二万ドルしていた抗ＨＩＶ薬の組み合わせが、数百ドルにまで下がっていた。ジェネリック薬が出始めると、価格はさらに下がった。もちろん年間三〇〇ドルの治療薬でも、ルワンダの醸造工場の従業員には手の届かない額だった。しかし、ユップがハイネケンを説得するときに、「こんなに値下がりしているのだから会社が医療費を負担すべきだ」と言いやすくなったのは確かだ。

二〇〇一年にファームアクセスとハイネケンは、「ハイネケン職場プログラム」を立ち上げた。まずはルワンダで始動し、ハイネケンの醸造工場や子会社があるブルンジ、コンゴ民主共和国、コンゴ共和国、ナイジェリア、シエラレオネ、ガーナへと広がり、アジアでもベトナムとカンボジアで実施された。

ところが、問題はプログラムの立ち上げと同時に起こり始めた。最初に助けを求めてきた従業員は、エイズが進行し、病状が相当悪化した状態で訪れた。彼らはすぐに亡くなり、あのプログラムは役に立たないという噂が工場内で広がった。「あそこで出す薬は効かない」と言いふらす者もいた。「助けを求めた人たちを見ろ。かわいそうに、死んだじゃないか」と。そこで、ユップの医療チームはハイネケンの人事部と力を合わせ、早期に薬を飲み始めればちゃんと効く、と従業員たちに言って聞かせた。「亡くなった方々は病状が重すぎて、すでに手遅れでした。でも早く治療を始めれば、助かる可能性が高いのです」と、説得に努めたのである。

それでも従業員のなかには、診療所に行くのを恐れる者もいた。同僚たちに見られたら、HIVに感染していると思われてしまうからだ。さらに、ちょうど同じころルワンダとブルンジの工場では生産過程のオートメーション化を進めており、その影響で職を失う者もいたため、タイミングも最悪だった。まるで工場がHIV陽性の従業員を一掃するために検査しているように見えてしまうからである。工場の経営者たちは、「そうではない」と強調した。「どの人が陽性であるかは、こちらにはまったくわかりません。検査結果の秘密は守られているんですよ!」しかし、従業員らは納得せず、すすんでHIV検査を受けようとする者は、ほとんどいなかった。

そこでハイネケンの人事部長フランソワ・ハビヤカレが解決策を提案した。彼は学識があり、身なりもこざっぱりしていて、多くの従業員にとって模範となる存在であったが、みずから、しかも従業員の面前で、ＨＩＶ検査を受けると発表したのである。従業員が集まり、彼が袖をまくって腕に注射針を刺されてもにこにこしている様子を見学した。それから一カ月のあいだに、ルワンダにいるハイネケンの従業員の三分の一がＨＩＶ検査を受けた。

ナイジェリアでは別の問題があった。政府が薬に税金を課したため、海外からの抗ＨＩＶ薬の値段には、輸送費のほか二〇パーセントの関税が上乗せされたのである。またシエラレオネでは、ＨＩＶ検査を行う手段がなかった。ハイネケンの従業員は採血に応じたが、その血液サンプルを国外のナイジェリアに空輸するほかない。そのため、感染の危険がある血液を運んでもらえるよう、航空会社に頼み込まなければならなかった。

それでも、プログラムは粘り強く進められた。ユップはそう簡単にあきらめるつもりはなかった。ファームアクセスのフィンセント・ヤンセンスとトビアス・リンケ・デ・ヴィットがプログラムの日々の進行を管理し、何百人というハイネケンの従業員、その配偶者や子どもたちが検査を受けにやって来て、抗ＨＩＶ薬を飲み始めた。

このプログラムの一次治療を行うには、一人当たり年間五百ドルかかる。そして、それが耐性ウイルスや副作用のせいでうまくいかない場合、新たな薬の組み合わせによる二次治療には一五〇〇ドルかかることになる。さらに実験研究費として一人当たり一〇〇〇ドルが必要だった。

ユップは即興で処方を考えていた。アムステルダムのスヴェン・ダナーに電話をかけ、さまざまな薬の組み合わせの是非を比較検討した。また、昔からの友人ペーター・ライスにも、どの治療薬を使うべきか相談した。

耐性や副作用や費用について時間をかけて話し合いを重ねた結果、ユップは、男性はラミブジンとジドブジンの組み合わせ、女性はラミブジンとネビラピンの組み合わせで治療を進めることに決めた。ただし、母子感染を防ぐためにすでにネビラピンを服用していた女性には、インジナビルを使う。以上をハイネケン従業員と家族に対する一次治療とし、もしその治療がうまくいかなければ、ジダノシンとの別の組み合わせを投薬することとした。

ユップのハイネケンＨＩＶ治療プログラムでは、アフリカにおけるＨＩＶ治療の最初のガイドラインを策定するための模索が行われた。ルワンダやブルンジの医者たちは、ユップの治療計画について学ぶため、オランダ、ベルギー、フランスから参加している医師らに会いに、ナイロビにやって来た。(そのような会合をブルンジで開くのは、危険すぎると判断された)。三日間のワークショップでは、ＨＩＶのライフサイクルや、各種の薬がどのようにＨＩＶを攻撃するか、そしてどのような副作用に気をつけるべきかについて、話し合われた。

参加者の共通言語はフランス語だった。ユップは身振り手振りも加えて、何とかしゃべろうとした。オランダ語や英語のフレーズから正しいフランス語の単語を必死に探しつつ、激しいジェスチャーで補った。自分の語学力のせいで、思うように話を進められないのが歯がゆかった。伝えるべき知識は膨大なうえ、新しい考えや言っておきたいことが山のようにある。ぴったりした言葉が思いつかないと、ユップは苛立ってその場でぴょんぴょん跳びはねるので、さまざまな言語圏の医者たちは、それを見て目を丸くした。

ワークショップの後には、三週間の実地研修期間が設けられており、ルワンダやブルンジの医者たちはＨＩＶ専門医の指導を受けることができた。帰国後は月に二度の電話会議を通じて、問題点や進み具合を相談できた。ファームアクセスは、アフリカの患者たちの情報をデータベース化して管理することを申し入れたが、ハイネケンの上層部は、医療に関する情報を集めることに難色を示した。

「ここはビール会社だ。そんなデータは必要ない」と、ハイネケンの医療部長、ステファーン・ファン・デア・ボルフト博士は言った。「治療だけ受けさせて、仕事に戻ってもらおう」。これに対し、ユップは反論した。「いいえ、データは絶対に必要です！　ビール会社はビールのアルコール含有量についてのデータを集めますよね？　ビールの品質についてのデータも。私たちも、アフリカでのＨＩＶ治療プログラムが成功したことを示すためには、どうしてもデータが必要です。そのデータがなければ、国際的な理解を得ることはできません」。この対立はしばらく続いたが、最後はユップの勝ちとなった。余談だが、それから何年かして、ファン・デア・ボルフトは、ユップのデータベースをもとに博士論文を書いている。

ハイネケンのプログラムを介した一連のＨＩＶ治療は、多剤併用療法（ＨＡＡＲＴ）がアフリカでも有効であることを実証するものだった。これでついに、「アフリカ人は時間を守れないから、そのような難しい服薬は途中でやめてしまうだろう」などと主張する政策担当者に対し、確固たる証拠を突きつけて反論できる。「このデータベースを見ろ、アフリカの患者だってヨーロッパやアメリカの患者とまったく同じように薬を飲めるではないか」と言えるのである。

また、ユップに反対する者たちが、アフリカの医者は抗ＨＩＶ薬を組み合わせて処方できるほど賢くないなどと言おうものなら、「ここにいるルワンダ人やブルンジ人、ナイジェリア人およびコンゴ人の医師たちは、みなＨＩＶ患者をきちんと治療する能力がある」と言い返すことができるのだ。（なお、そのような人種差別的な発言に対するユップの反論には、罵り言葉がつきものだった。はっきり口に出すこともあればぶつぶつぼやくこともあったが、声に出さずとも心の内では必ず罵っていた）

科学者や政策担当者のなかには、アフリカで薬に対する耐性が急上昇するだろうという者もいた。

しかし、薬の組み合わせを単純化し、用量も減らし、アフリカ人もきちんと錠剤を飲めることを証明することで、ユップは、アフリカでの耐性ウイルスの問題は、西洋における問題と何ら変わらないことを明示した。その点を確認するため、ファームアクセスは、アフリカでのＨＩＶ耐性に着目した特別研究を開始した。

エイズ流行を抑える唯一の方法は感染予防であると言われることもあったが、ユップはそんな狭い考え方を一蹴し、「治療も予防の一環だ」と答えた。感染者が抗ＨＩＶ薬を飲めば、体内のウイルス量がぐっと減り、感染を広げる可能性も低くなるのだから。

このような論争は絶えることがなく、骨が折れたが、ユップはようやく、何年間も主張し続けてきたことを証明できる材料を手にしていた。ユップは、最も貧しい国の人々にＨＡＡＲＴによる治療を実施することがいかに重要かを、みずから声を大にして、あるいは医療雑誌や新聞記事を通じて、くり返し伝えた。そこには人道的な理由もあれば、経済的な理由もあった。そして、今や有名になったあの呪文を唱え続けたのだ。「アフリカのどんなへんぴな地域にも冷えたコカ・コーラやビールを届けることができるなら、薬を届けることも不可能ではないはずだ」

やがて、ほかの会社もユップに助けを求めてきた。たとえば、石油のシェル、一般消費財メーカーのユニリーバ、そしてアフリカの携帯電話会社のセルテルである。また、アフリカ各地のオランダ大使館が、職員の検査・治療プログラムを立ち上げてほしいとファームアクセスに依頼してきた。このように、世界がユップの考えに徐々に追いついてくるにつれ、各国政府が自国内で抗ＨＩＶ薬を普及させる計画を公表し始めた。このことが、ユップの仕事を危険にさらし始める。

市民からの圧力やユップ自身の努力により、エイズ問題の責任の矛先が政府に向けられるようになると、それまで従業員のケアを担っていた企業側が身を引いて、あとは保健相に任せると言いだしかねなかった。

ハイネケンの職場プログラムは規模を広げていたが、その一方で、ボツワナ政府も独自のＨＩＶ対策を計画していた。これはのちに、サハラ砂漠以南のアフリカで実施された国家主導のＨＩＶ対策としては、最も早期に実施され、かつ最も成功した例となる。フェスタス・モハエ大統領のもと、ボツワナでは全国民が無料でＨＩＶの治療が受けられることにしたのである。

ファームアクセス財団がハイネケンと手を組んだ翌年、ビル・ゲイツの支援で「世界エイズ・結核・マラリア対策基金」という組織が結成され、発展途上国のＨＩＶ治療への資金援助に乗り出した。またその翌年には、ジョージ・Ｗ・ブッシュ米大統領が、「大統領エイズ救済緊急計画（ＰＥＰＦＡＲ）」を立ち上げた。これは、ＨＩＶおよびエイズの治療・予防・研究のために、五年間にわたり一五〇億ドルの資金提供を保証するものだ。さらに、同年ＷＨＯが「3 by 5 イニシアティブ」を掲げ、二〇〇五年までに三〇〇万人の人々に抗ＨＩＶ薬を提供すると発表した。

公的資金で薬へのアクセスを援助するプログラムが増えると、大企業はそれをよいことにして、みずからＨＩＶにかかわらなくなっていった。「各国政府が面倒を見ると言っているのに、我々がＨＩＶの治療に金を出す必要はないだろう」と言い出したのである。

ユップは、持論である人権と経済の議論にいっそう力をこめるしかなかった。各国の政府関係者のだれもがモハエ大統領と同じ態度をとるとは限らない。ＨＩＶと闘うには、いくつもの異なる部隊が結集して大軍でかかっていく必要がある。一つの主体だけで対戦するには問題が大きすぎるのだ、と。

やがて二〇〇二年に次の国際エイズ会議がめぐってきたが、そのころにはもうエイズ関係者たちの士気はしぼみ気味だった。ダーバンのときの高揚感、会場内の活気や抗議活動の盛り上がりは消え失せ、あのとき立てた誓いの数々は、地に落ちてしまったようだった。南アフリカの大ステージで、気高いビジョンと官民連携がうたわれたにもかかわらず、二年たってみても、発展途上国のＨＩＶ陽性者のうち、ロンドンやアムステルダムで暮らすＨＩＶ陽性の人々と同じ薬を飲むことができる者は、四パーセントに満たなかったのだ。

サハラ以南のアフリカで抗ＨＩＶ薬を必要としている三〇〇〇万人のうち、薬を飲めるのはたったの三万人だった。そのうえ、感染はまだ急速に拡大を続けていた。世界では一四秒に一人がＨＩＶに感染すると言われていたのである。

ダーバンで参加者の関心を惹いた融合阻害剤は、結局ＨＩＶの治療薬のなかで最も高額な薬となったうえ、一日に二回太腿か腹部に注射しなければならず、その跡が皮下に硬いしこりを作った。また、計画的に服薬治療を中断するというアンソニー・ファウチの戦略も、結果は散々だった。中断することでウイルスの量が急上昇し、患者によってはさらに強い耐性ができてしまったのだ。それに、ＨＩＶのワクチンにいたっては、ただの一つも現れていなかった。

その年の会議はバルセロナで開催された。ほかの病気の流行がいくつか重なった年でもあった。アジアでは、ＳＡＲＳと鳥インフルエンザが猛威をふるい、そのせいで何百人もが参加を断念していた。それでも、一万七〇〇〇人が世界各地で荷造りをし、気の重くなるような最新情報を聞くために、スペインに向かったのである。

ユップはぎりぎりまで荷造りをする気になれなかった。バルセロナに発つ前日の夜だというのに、どっかりと肘掛椅子に座り、テレビでウィンブルドンの男子準決勝戦を観ていたのだ。ラケットでテニスボールを打つポカッという音は、ときおりマルタとマリアの笑い声に遮られた。アンナはボーイフレンドを連れてきており、話に熱中していた。オットラは父親に抱っこされたまま、ぐっすり眠っている。ユップはみじんも動きたくなかった。オランダのリカルト・クライチェク選手がベルギーの選手に打ちのめされ、試合は残念な結果に終わったが、それでも立ち上がる気が起こらなかった。手を伸ばして本をとりたかったが、胸にはオットラが丸くなり、あまりにも穏やかな寝顔を見せている。

最近は、ノンフィクションをよく読むようになっていた。コーヒーテーブルの上には、ジョージ・ソロスの本が一冊置いてあった。いきなり本題に入るのではなく、議論を積み重ねていくソロスの書き方が気に入り、ユップは「物事を正しい名で呼ぶことを恐れない異色の作家だ」と日記に記している。

寝息を立てているオットラの顔をユップはのぞきこんだ。五歳になり、ぐんぐん成長していて、特に父親が留守にしているあいだに急に大きくなるように思える。実際、ユップは留守のことが多く、オットラもパパがいないのには慣れっこになっていた。子どもたちにとって、パパが毎晩の食卓につかないのは当たり前で、バンコクかダルエスサラームかどこかにいるものだと思っていた。いつも機内持ち込み用の黒いスーツケースを持って帰り、山のような洗濯物を出しては、しばらくしてまた同じ服をたたんで詰める父親の様子を子どもたちはあまりにも見慣れていたのだ。

大きな海外イベントに行くときは、ユップはなるべく子どもを少なくとも一人は連れて行くようにしていた。今回はマックスとアンナの番だ。兄弟のなかでいちばん年上の二人は、父親が頻繁に飛行機に乗るくせに、しょっちゅう乗り遅れることをよく知っていた。そして今回も、あと少しのところでバルセロナ行きの便に乗り遅れるところだった。ヘレーンの運転で空港に向かう途中、ユップは上着のポケットの上をぱんぱんと手でたたいた。いつもの場所に、ボロボロになったパスポートと財布のいつものふくらみがあるはずなのに……。ユップはあちこちたたいてみたが、ふくらみはどこにもない。パスポートと財布は家のサイドテーブルに置き忘れていたのだ。アンナはいらいらし、マックスは「またか」と肩をすぼめた。パパと旅するのは疲れる。でも一緒に行けば、パパの世界を見せてもらえる。家にいたら、パパの冒険を想像するだけで終わってしまう。

ようやく飛行機に搭乗し、携帯電話を切ることができるのがユップは嬉しかった。とにかく一日中電話やメールの着信音が鳴りっぱなし。本のページをめくっていても、一休みして窓の外に飛んできた鳥を眺めていても、邪魔される。飛行機に乗れば、いつもの電話やメールのストレスから解放され、一息つくことができた。ふだんでもほとんど毎日二〇〇件はメールを受信するが、会議が近づくといつもの四倍は入ってくる。「メールに次ぐメール。こんなにコミュニケーションをとって何になる？だいたい本当に考えてものを言っているやつなどいないんじゃないか？」と思った。彼はときどき受信ボックスの「全選択」をクリックし、三〇〇件のメールを一気にゴミ箱に移してしまう。それをやるとすっきりする。

飛行機がバルセロナに着陸し、ユップはただちにある会議に駆けつけなければならなかった。国際エイズ学会（ＩＡＳ）の次期会長としての立場を二年務めた彼は、このたび新会長に就任するにあたり、重要な案件を議論する必要があった。ＩＡＳはＷＨＯ、国連、さらにはストップ・エイズ・ナウというオランダのグループと組んで、サハラ以南のアフリカで、ＨＩＶ治療の規模を拡大しようとしていたのだ。

その会議は滞りなく行われたが、ユップは内心その晩の予定をまだかまだかと楽しみにしていた。フランスに住む姉のリート、そしてバルセロナにいる兄ジャンと合流し、子どもたちも交えて食事をする約束だった。大好きな人たちと一緒にワインとタパスで延々と食卓を囲み、楽しい話はつきることがない。ユップは次の日の早朝会議のプレゼンテーションの準備も忘れて、そのひと時をゆっくり味わった。彼にとっては、それこそが生きる喜びを与えてくれる大切な時間だった。

それに、スピーチの下書きを観客席のいちばん前に座って書いたり直したりし、司会者にステージに呼ばれるのと同時に仕上げるというのがユップの常套手段だったのだ。今までもそうやって、人の講義をいくつも聴き逃してきた。前のスピーカーが話を終える直前まで、自分のパソコンを開き、パワーポイント上のスライドをチェックしたり、綴りが間違っていないか確かめたりしているからだ。

しかし、その日の早朝会議は大事だったので、ユップはいつになく緊張していた。WHOと世界銀行が、アフリカでのHIV治療を拡大する彼の取り組みに対して、資金を提供するかどうかを判断する場だったからだ。ちまたでは、大きな額が投入されるらしいと噂されていた――なんと、一〇億ドルだ。

会議の感触はあまりよくなかった。部屋には驚くほど大勢の参加者が来ていたが、ユップはあまり仰々しくせず淡々と発表を続けた。ところが、会議が終わると、世界銀行の女性が近づいてきて自己紹介し、ユップの話に感心したと言ってくれた。

まだ国際会議が正式に始まる前日だったが、その日曜日の朝には、緊張を要するIASの運営委員会の会合もひかえていた。組織内の選挙の日で、「次期会長」を選出するのだ。ユップは難しい判断を迫られていた。忠実な友であるべきか、それとも、組織にとってベストだと思える選択をすべきか。

次期会長候補の一人、ペドロ・カーンはユップの友人で、カナダで働くアルゼンチン出身の医者だ。もう一人は、ヘリーン・ゲイル、ダーバンの国際会議の二カ月前に、ムベキ大統領が開いたプレトリアでの会議に出席していた小児科医だ。ヘリーンはCDCで働いた経験があり、今はビル&メリンダ・ゲイツ財団でエイズと結核のプログラムを取り仕切っていた。ユップは友人に一票を投じたかったが、確かにヘリーンは組織にとって心強い戦力となるし、すばらしく優秀な女性なのだ。やはり、組織にとって最もふさわしいリーダーを選ぶなら、ヘリーンしかないという結論にいたった。「断腸の思いで、ヘリーンに投票した」とユップは日記に書いている。投票の結果、一五対九でヘリーンが勝った。ペドロは落胆し、「俺みたいな南半球から来たちっぽけな男が、アメリカの強豪に勝てるわけがない」とひがんだが、日ごろは円卓を囲む白人男性陣のなかで、ヘリーンが唯一のアフリカ系アメリカ人女性であることを知らないはずはない。「ペドロはつむじを曲げた。彼を引き止めておくために、気を遣ってやる必要があるだろう」と、ユップは日記に書き込んだ。

開会式は、米保健福祉省長官、トミー・トンプソンのスピーチで始まることになっていた。「言葉ばかりでうんざりだ」と、ユップは日記に書いた。彼らがバルセロナ会議で講演を聴き、同じ議論をくり返しているあいだに、日々八〇〇〇人の人々がエイズで亡くなっていく。会議が終わるまでに、五万人が亡くなる。決まりきった空虚な言葉は、いったい何の役に立つのだろう？

だが、トンプソン長官の言葉はほとんど聞き取れなかった。彼がマイクの後ろに立って話し始めたとたん、数十人がステージによじ登り、抗議を始めたのだ。「恥を知れ、恥を知れ！」彼らはプラカードを振りかざしながら叫んでいた。そこには、「アメリカはＨＩＶ感染者やエイズ患者を殺している」という非難の文字が書かれていた。

長官がスピーチに立つ前まで彼のとなりの席にいたユップは、どうなることやら、と興味深く見守った。たとえば、海洋生物学者や脳外科医は、前に立って講演をする際に殺人者呼ばわりされることがあるのだろうか、などと考えていた。

トンプソン長官はスピーチを続けようとしたが、彼の声は抗議デモにかき消された。そこでいったんステージを降り、警備員が抗議する人々を追い払うのを待って、一五分後にまた壇上に戻った。すると、また抗議デモが始まった。長官は今度はステージを降りずスピーチを続けたが、おそらく最前列の観客にしかその声は届かなかっただろう。それを何とか聞き取った人たちは、アメリカ政府がエイズ対策予算を一四〇億ドルから一六〇億ドル以上に引き上げたことを知った。

「このうち、ＨＩＶ／エイズ対策への国際援助の額は、同期間のあいだに倍増しています。くり返し申しあげますが、わずか一八カ月で、国際援助資金を倍増したのです」。何度くり返しても無駄だった。彼の声は、だれにも聞こえていなかった。

それから数日のあいだ、ユップは各国の首脳との会合に出たり、家族と気楽な夕食をとったりで、大忙しだった。ときには会合を完全にすっぽかして、マックスとアンナと一緒にタパスを食べながら、子どもたちのスペインでの冒険談を聞くのを優先した。

ただし、どうしても逃すわけにはいかないイベントもある。製薬会社ファイザーが主催するレセプションだ。カタルーニャ出身の建築家アントニ・ガウディの自宅だったガウディ博物館が会場となり、シャンパンとカナッペの立食パーティだった。ユップはピンクの漆喰壁の建物に入り、緑色の大理石の階段を下りていった。ＩＡＳの会長という地位によって新たな人脈の扉が開かれることは嬉しい驚きだった。会場では、会社のＣＥＯや官僚たちと顔見知りになり、発展途上国でＨＩＶ治療薬を普及させようとしていることを伝えた。彼らを説得できれば、お金を出してもらえるかもしれないと期待した。「こんなまたとない機会を危うく断るところだった」と、日記に記した。

翌日は、二〇〇四年のバンコクでの国際エイズ会議について、タイの高官との重要な打ち合わせがある。その年は、ユップがＩＡＳ会長として、共同議長を務めることになっている。しかし一つ問題があった。国際会議の企画を手伝ってもらう予定のタイの受け入れ側が、両者間の合意書に署名するのを拒んできたのだ。ユップは、同僚で現会長のステファーノ・ヴェッラがこの問題の解決の主導権を握ろうとしていることに腹が立った。「国際エイズ会議は、現在ＩＡＳの最も重要な活動だ。仲介者に頼りたくはない」と、ユップは書いている。オランダ語の格言もつけ加えた。hovendien over zijn graf heen probeert te regeren すなわち、「彼は自分の墓を支配しようとしている」

しかし、ユップとステファーノがタイの相手方との話し合いの席に着いたとき、タイ保健相代理ワロップ・タイネウアは二人に対し、厳しい言葉を投げかけた。「タイで協力関係を結ぶときは、弁護士が書いた書面で始めるのではない。友人として同じ席に着き、一緒に構想を練ることから始めるものだ」。彼は問題の合意書について、こう述べた。そういえば、タイの友人プラパン・パヌパックや、HIV-NATのスタッフとの交流を振り返ってみても、タイの人たちが対立的な言動を見せることはめったになかった。ということは、今回自分たちは相手方に対して、相当失礼なことをしてしまったに違いない。ユップはテーブルの向こう側を見まわして、そう思った。タイ側の一人が、ユップとステファーノ、そしてヨーロッパからの同僚たちに、自己紹介をしてくれと頼んだ。「そうでないと、私たちの目には皆さんはみな同じような顔に見えてしまうのです」とも言った。また、タイはこれまでずっと独立国であり、植民地だったことはないと、くぎを刺された。

「彼らを子ども扱いしてしまったから、今になって、しっぺ返しされるんだ」と、ユップは日記につづっている。「IASの一人として恥ずかしい。ただ、マキャベリ的観点では、組織内のヴェッラ問題を解決してくれたから、小気味がよい一件だ。これでもう、あいつを退陣させるべきだということがはっきりした。これからも引き続きかかわってもらうが、主導権は与えまい」

その夜、ユップは子どもたちと兄や姉に、その日の会合のことを語った。夕食の途中でオットラから電話がかかった。「パパ、いつ帰って来るの?」と娘は言った。ヘレーンはオットラとマリアとマルタと犬たちを乗せて、車で南仏のオキシタニー地方に向かっていた。一家は地中海の近くに土地を持っていたのだ。ユップの日記には「がまん、がまん」とある。家族と一緒に休暇を過ごしたくてたまらなかった。

さて、会議の閉会式で、ユップは次期会長から正式にIASの会長に任命された。リートとマックス、アンナは、彼が演壇で話すのを見守った。ステージの背景のスクリーン一面に、ユップの顔が大きく映し出されていた。「貧しい人々の命を奪うもののうち、悪政ほど致命的なものはありません。実際、悪い政治や統治能力の欠如ほど多くのＨＩＶ感染者の命を奪ってきたものはないのです」。聴衆は拍手で応じた。アンナとマックスは、ステージの上のパパの姿をじっと見つめていた。

ＨＩＶの裏をかくためには、ち密な計画を立てる必要がある、とユップは聴衆に語った。「軍事作戦のようなつもりで対策をたてるべきなのです」。それが可能であるということをその場の一万七〇〇〇人全員にわかってもらうために、彼はここで、いつもの決め台詞を出した。「アフリカのどんなへんぴな地域にも冷えたコカ・コーラやビールを届けることができるなら、薬を届けることも不可能ではないはずです」

彼のスピーチをビル・クリントンもネルソン・マンデラも聴いていた。アメリカのクリントン前大統領は、ユップのことをよく知っていた。クリントン・ヘルス・アクセス・イニシアティブがその活動を南アフリカとタンザニアに広げる際に、彼を雇って協力を得ていたからだ。ユップがスピーチを終えた後、マンデラとクリントンもステージに上がり、結集を呼びかける演説を行った。

その晩ホテルの部屋で一人になったユップは、涙を流した。これまでに起きたことや、今後待ち受けている課題を思うと、その途方もない大きさに打ちのめされた。今日、ネルソン・マンデラと握手をした。クリントン前大統領が肩を抱いて「おめでとう」と言ってくれた。それでも、エイズの完治のきざしは皆無に等しく、新しい治療法も十分あるわけではない。ましてやワクチンなど、永遠に手が届きそうにない。

ユップはやがて眠りについたが、それから数年のあいだに期待はさらに裏切られ、より大きな混乱が生じ、科学者と活動家のあいだの溝がいっそう深まるとは、知るよしもなかった。彼は、ＨＩＶ研究の歩みのなかでも最も混乱に満ちた二年間にわたり、会長として国際エイズ学会を率いていくことになるのだった。

第八章　エイズ活動家たち

胡椒の実を炒る香りが市場の店先から漂ってくる。女たちはスパイスを入れた白い布袋を並べ、その上部を開き、赤や黄色やオレンジ色の粉をこんもりした山に盛っている。袋の脇にはよく熟したマンゴーも積まれている。市場の横の通りでは、男たちがオートバイのエンジンを吹かしており、店先から立ちのぼる香りも、ディーゼル特有のツンとした排気ガスの臭いにまぎれていく。ここは、カメルーン最大の都市ドゥアラにあるムボピ市場だ。

スパイス店の近くを、若い女性が二人、雑踏に目をやりながら行ったり来たりしていた。彼女たちの目当てはスパイスでも、屋台で売られている「スヤ」という肉汁たっぷりの牛肉の串焼きでもない。市場を行き交う女たちである。二人は現金を渡され、細かい指示を受けていた。ドゥアラを訪れているアメリカ人の研究者に、ある実験のため、女性を四〇〇人集めてほしいと言われたのだ。

条件は、その女性たちの年齢が一八から三五歳であること、毎月少なくとも四人の男性とつきあっていること、そして週に三回はセックスをしていることだ。研究者たちは女性をＨＩＶ感染から守る新しい方法を調べようとしており、日々何十人もが新たに感染するカメルーンは、予防の研究をするのに最適な場所だった。

ノルウェーの青年が船でオスロからドゥアラにやって来て、名もないウイルスを持ち帰ってから四三年がたち、HIVは国じゅうに広がっていた。アルネ・ヴィダー・レードはエイズを発症したと報告された最初の一人だったかもしれないが、二〇〇四年の今、カメルーンでは妊婦の一〇人に一人はHIV陽性なのだ。

二〇〇四年七月のその日、被験者探しは手早く行われた。二人は多くの女性と話をしており、彼女たちがマンゴーの売り上げを補うためセックスで現金を稼いでいることをよく知っていた——子どもたちを食べさせ、兄弟姉妹の葬式代を出すために、手段は選べなかったのだ。二人は女性たちを市場の隅の人気のない場所に連れていき、簡単な実験だから、と小声で伝えた。実験に参加する女性の一部にHIVの薬が与えられ、それで感染が防げるかを観察するのだ。

また、残りの者にも見た目は錠剤と同じ形のものが渡されるが、入っているのは薬の成分ではなく、ただの砂糖だ、と伝えられた。しかし、妙な噂が広がっていた。カメルーン人の多くは、自分たちの友人や家族を死なせたウイルスは西洋人が持ち込んだもので、ワクチンの接種キャンペーンを通じて感染が広がったと思っていたのだ。「どんな錠剤？　HIVが入っているんじゃないの？」と彼女たちが疑うのも無理はなかった。

その薄い青色の錠剤は、別に新しいものではなかった。HIVの逆転写酵素を阻害するテノホビルという薬だ。HIVの治療薬として二〇〇一年にFDAに承認され、二〇〇四年には、ロンドンやマイアミなどの都市では、入手可能な数々の抗HIV薬の一つとともに、HIV陽性者の薬棚に並んでいた。

ところが、カメルーンの薬棚にテノホビルはなかった。政府が「高すぎる」と言ったからだ。一部の国際的な保健団体からも、「状況が複雑すぎてカメルーンには提供できない」と言われた。

実は、ＨＩＶ感染を予防するために錠剤を使うという発想も、新しいものではなかった。一九九五年にサルで実験され、ＨＩＶ研究者たちは色めき立った。当時テノホビルはＰＭＰＡと呼ばれる実験薬で、その薬剤をチェコの化学者から購入したのは、ギリアド・サイエンシズというカリフォルニアの小規模バイオテクノロジー会社だ。ギリアドはＰＭＰＡを製剤し、それをシアトルの獣医師、チェ＝チュン・ツァイに送った。

チェ＝チュンは、ワシントン大学のワシントン霊長類研究所に勤めており、そこでＨＩＶに感染した細胞を用いてＰＭＰＡの効果を試した。この薬剤はＡＺＴと比べて効力が強く、副作用は弱い。また、いずれも逆転写酵素を阻害する薬であるが、ＡＺＴはヒトの細胞内での活性化を要するのに対し、ＰＭＰＡははじめから活性化している。

ＰＭＰＡはチェ＝チュンが調べてきた抗ＨＩＶ薬のなかで最もよい薬だった。一日に一回経口投与すればよく、その体内における効果は長ければ五〇時間持続し、ＨＩＶが耐性を形成するまでに時間を要していた。そこで彼は、この薬を治療だけでなく予防にも使えないだろうかと考えたのだ。

ワシントン霊長類研究所では、茶色いサルが飼育檻の中で柵をガタガタゆすっていた。カニクイザルという種で、原産地である東南アジアでは群れで生活し、寺院の参拝客にサツマイモやパパイヤの薬などをもらうこともある。

このサルたちに、チェ＝チュンは組み合わせる順序を入れ替えて注射を打った。一五匹には、まずＰＭＰＡを注射し、二日後にサルのＨＩＶにあたるＳＩＶを注射した。残りのサルには、まずＳＩＶを注射し、数時間後にＰＭＰＡを打った。

八カ月後にサルを検査した結果、ＰＭＰＡを注射したすべてのサルは、かなりの量のＳＩＶを注射していたにもかかわらず、ＳＩＶ陰性だった。ＰＭＰＡはＳＩＶの複写を阻害し、感染を断ち切ったのだった。

この発見は大ニュースとなり、医療雑誌だけでなく『ニューヨーク・タイムズ』紙でも報じられた。画期的な発見だと讃える科学者もいれば、手放しで喜ぶことを警戒する声も出た。「画期的かどうかは、臨床試験によって初めて証明される」と述べたのは、ＮＩＨの米国立アレルギー・感染症研究所の所長、アンソニー・ファウチ博士だ。チェ゠チュン自身も、「結果がよすぎて、にわかに信じがたい」と言っていた。しかし、噂が広がるとともに世の中は歓喜に沸いた。錠剤一つでＨＩＶが予防できるのだ。つまり、大流行も終焉を迎えるかもしれないということではないか。

医者たちは必ずしも絶対的な証拠が出るまで待たない。特に、何としても患者を助けたい一心で、効き目を示す証拠が少しでも見つかれば、それに賭けてみる。毎年三万人のアメリカ人がＨＩＶに感染するなか、ニューヨークなどでは、臨床試験を待っていられない医者もいた。効果があるはずだと思ったら、とにかく早く患者に伝えたいのだ。一部の医者は、テノホビルがＨＩＶの治療薬として承認されるやいなや、感染予防になると期待して、ＨＩＶ陰性の患者にもこの薬を処方し始めた。これは、テノホビルの適応外使用だったが。

「毎回コンドームを使っているわけではないでしょうから、この薬を飲んでみてください。飲んでいれば感染しないですむかもしれません」。そういう医者たちは、とにかく患者に薬を出したい、という気持ちが強かった。患者をウイルスから守れるなら、何でもよかった。効くかもしれないし、効かないかもしれない。でも、何もしないよりはましだったのだ。

たとえ医者がテノホビルを出し渋ったとしても、ＨＩＶに感染している友人からまわしてもらえたし、ナイトクラブでも手に入った。ハウスミュージックのベース音が響き、電子ブルーの照明がきらめくロサンゼルス一の〝ホット〟なダンスクラブでは、〝パーティパック〟が一〇〇ドルで売られていた。銀色の包みを開けると、中には小さい錠剤が三つ、エクスタシー、バイアグラ、そしてテノホビルが入っていた。

テノホビルは七〇年代に連れ戻してくれるタイムカプセルみたいなものだった。「Ｔ（テノホビル）」を一錠ウォッカで流し込んでおけば、感染の心配は無用、コンドームなしでセックスを楽しむ解放感が許される。コンドームが破れたときに備えて、念のため一錠飲んでおくという慎重な人もいた。「Ｔ」を飲んでおけば安眠が保障された。ＨＩＶの悪夢にうなされ冷や汗で目覚めることもなくなるのだ。

実は「Ｔ」を飲むという発想は、チェ＝チュンのサルの実験のほか、ユップのＷＨＯでの研究にも端を発している。分娩中の妊婦に抗ＨＩＶ薬を投薬し、新生児には数週間にわたってＡＺＴシロップを飲ませ、その後授乳中もずっと投薬を続けることにより、子どもが母親からＨＩＶに感染するリスクを大幅に減らせることをユップはすでに示していた。

このようにウイルスと接触する前に投薬をする戦略は、「曝露前予防内服（ＰｒＥＰ《プレップ》）」と呼ばれるようになった。

一方、医師たちも、みずからの感染を防ぐため、同じような戦略をとっていた。ＨＩＶとの接触が起きる前ではなく、起きた直後に薬を服薬していたのだ。しつこく呼び出しがかかる夜勤の最中に、患者の血液が付着した注射針でうっかり自分を刺してしまった医者は、慌てて緊急処置室に駆け込み、ＡＺＴであれ併用剤であれ、そのとき使用されている薬を持ち帰って、一カ月間毎日飲み続けるということをしていた。そうすることで、傷口から入ったＨＩＶが取り返しのつかない感染に発展するのを阻止できるはずだと願うしかなかったのだ。

ＨＩＶとの接触から数時間以内に薬を飲めば、感染のリスクを八〇パーセント抑えることができた。

この考え方は、「曝露後予防内服（ＰＥＰ《ペップ》）」と呼ばれ、一九八七年にＡＺＴが承認されて間もなく使われるようになった。とはいえ、それが有効であると証明されるのは何年も後だったが。

ユップはＰＥＰに関する論文をまとめ、ＰＥＰは必ず効果があるわけではないと述べている。一九九〇年の『ＮＥＪＭ』誌に、ペーター・ライス、ヤープ・ハウトスミットや、ほかの研究者と共同で、彼らの病院で起きた悲惨な事故の顛末について、記事を発表したのだ。ある五八歳の男性が手術を受け、快復期間中に注射を打たれたが、その針には別の患者の血液がわずかに残っていた。その別の患者はＨＩＶに感染しており、重症だった。数分のうちに事故があったことに気づいた医師は、注射を受けた男性に急いでＡＺＴを投薬した。ＨＩＶを注射されて四五分後に最初のＡＺＴを服用させ、その後も数時間おきに薬を飲むということを何週間にもわたって続けさせたのだ。それでも効果はなかった。事故から三〇日後、ユップと同僚たちは、その男性の血液からＨＩＶを検出したのである。

二〇〇〇年代のはじめは、性交前にテノホビルを飲めばＨＩＶ感染を防げることを示す証拠はなかった。それを証明するには臨床試験が必要だった。チェ＝チュンのサルの実験を見るやいなや、北はサンフランシスコ、南はシドニーの研究者たちは、こぞって臨床試験を行う助成金を申し込んだ。ユップも一票を投じ、国際エイズ学会の次期会長に選出された小児科医のヘリーン・ゲイルのもとには、テノホビルが承認されて一カ月もたたないうちに、この薬のＰｒＥＰとしての効果を試験するための提案が二件も入ってきたのだ。

ヘリーンはゲイツ財団のＨＩＶ・結核・生殖保健プログラムの代表を務めており、ＰｒＥＰ試験を支援することに関心を持っていた。なぜなら、ＨＩＶを予防する錠剤があれば、性交相手に安全なセックスを要求できない立場にある女性の命を救えるかもしれないからだ。二つの提案のうち、一つはオーストラリアのニューサウスウェールズ大学、もう一つは米ノースカロライナ州を拠点とするＮ

GO、ファミリー・ヘルス・インターナショナル（FHI）の科学者からのものだった。FHIは西アフリカやアジアでの試験を希望していたが、ヘリーンは両団体が共同してアジアで研究を行うよう要請した。ところが、両者の協力関係は、たった数カ月で破綻してしまったのだ。

それは先行きを暗示するできごとだった。テノホビルPrEP臨床試験はその後混乱に陥り、HIV研究の歩みに影を落とすことになると同時に、臨床試験を計画する際にやってはいけないことを示すよい失敗例になったのである。当時ユップは、一連のごたごただが、自分の目の前で、HIV研究の将来を危うくする一大事に発展するだろうとは思ってもいなかった。新しい薬や治療法の発見が危険にさらされていた。

ジョン・カルドーが率いるオーストラリアのグループは、ヘリーンからの提案を断った後、カリフォルニア大学サンフランシスコ校のキンバリー・ペイジの研究チームと組むことにした。彼らはカンボジアで一〇〇〇人近くのセックスワーカーを対象に試験を行うことを希望していたが、何百万ドルという資金を確保して試験に着手する前に、いくつか倫理上の難問をクリアしなければならなかった。

たとえば、その国では治療薬として普及していない薬を試すのに、なぜ貧しい女性たちが選ばれ、しかもそのほとんどがセックスワーカーなのか。女性たちの多くは社会の最底辺で暮らしているため、実験台になることを拒否できないのではないか。もし彼女たちが試験の途中でHIVに感染したらどうするのか。また、彼女たちがコンドームの使用をやめてしまって妊娠したらどうするのか。

二〇〇一年一一月、ヘリーンはこれらの問題について話し合うため、関係者をシアトルの事務所に招集した。FHI、CDC、その他の公衆衛生関連機関から代表者が集まり、ジョンズ・ホプキンス大学の倫理学者とともにテーブルを囲んだ。ギリアドからは幹部社員二人が出席した。確かにこの会社の薬をめぐって問題が広がりつつあったわけだが、ギリアド自体はＰｒＥＰにはそれほど関心はなかった。実際に治療を必要としているＨＩＶ感染者が何百万人もいるというときに、感染予防は大きな利益を生む話には思えなかったのだ。ギリアドの関心事は、もっぱら価格設定と普及問題だったが、錠剤を提供するという形で臨床試験をサポートすると述べた。

そこでは熱い議論が交わされたが、その内容は建設的で、その後の論争を思えば対立もまだ大人しいものだった。そして、ある一点に関しては意見が一致した。すなわち、この薬の安全性を貧しい国の女性たちに試すのは、非倫理的であるということだ。安全性の研究は、問題が起きたらすぐに医療で対処ができる場所で行うべきなのだ。そこでＣＤＣは、アトランタで、男性とセックスする男性を対象に、テノホビルの安全性を試験することに同意した。ウォード・ケイツ博士が率いるＦＨＩも、この案には賛同したが、ＨＩＶへの感染リスクが高い人々に薬を試す以上、必ず何らかの形で社会的弱者のコミュニティとかかわることになるわけで、それは避けて通ることができない問題だ、という意見を付け加えた。

いずれの研究グループも、二〇〇三年のはじめまでに、何百万ドルもの資金を確保した。ＦＨＩは、カメルーン、ナイジェリア、ガーナで、ＨＩＶに感染するリスクが高い女性たちを対象に試験を行うため、ビル＆メリンダ・ゲイツ財団から六五〇万ドルの資金提供を受けた。また、キンバリー・ペイジとジョン・カルドーがカンボジアで実施する予定の試験に対しては、ＮＩＨ（米国立衛生研究所）が二〇〇万ドルを超える支援をした。資金も集まり、両チームとも準備は整った。ところが、両者の行く末には想像を絶する困難が待ち受けていたのだった。

一方、ユップは国際エイズ学会の本部をストックホルムからジュネーブに移し、学会をより実務的な組織につくり変えようとしていた。そのうえ、企業との連携をはかるため、インダストリー・リエゾン・フォーラム（ＩＬＦ）という新しい取り組みにも着手した。製薬会社に求められているのは金と薬だけという現状に、ユップはもどかしさを感じていた。彼らには専門的知識や技術があるのだから、企業に意識改革を促して、発展途上国で最先端の臨床試験を行ってもらおうと考えたのだ。

ネブラスカ州で試した薬をナイロビの患者に処方しても仕方ない、とユップは言った。人々の遺伝的特徴が違うし、住んでいる環境も違う。それらの要因はすべて、薬が効くか効かないかに作用するのだ。それに、ＨＩＶ治療薬のなかには一日三回食事とともに服用しなければならないものもあるが、アフリカやアジアには三食とることができない人もいる。そういった地域の人々を、同じ薬で救えるのか？

ジャクリンはＩＬＦのコーディネーターを引き受けた。製薬会社の重役が会議への出席を断ることがあっても、彼女はユップの怒りを静め、重役らを説得して足を運ばせるすべを心得ていた。彼らを会議に誘う目的の一つは、会社側の科学者を発展途上国の科学者に引き合わせることだった。たとえばウガンダのエリー・カタビラや、セネガルのパパ・サリフ・ソウなど、臨床医としての専門知識を持ち、現地に適した試験をデザインするノウハウもあり、正しい研究上の課題設定を行うことができる研究者を会社側に紹介したのだ。

製薬会社ははじめ困惑していた。ＩＬＦ立ち上げの際、シカゴの会議室に集まった製薬会社の重役たちは体をこわばらせ、腕組みをしたままユップの話を聞いた。「待ってください。つまり、あなたが私たちに求めているのは、途上国への薬の普及拡大だけではないのですか？」と彼らは尋ねた。

「違います」とユップは答えた。「アフリカの人が薬を飲んだ場合にどのような効果があるかも知らずに、普及させる意味はないでしょう？　まずは発展途上国に専用施設を築いて、最も薬を必要としている人々に合わせた試験を行い、彼らに合った薬を提供すべきです」。貧しい人々に薬を試すために、製薬会社が発展途上国に押しかけ、承認に必要なデータが得られたらただちに撤退するというやり方だけは、絶対に許されない、とユップは考えていた。

研究が終わってもしばらく現地にとどまるべきだ、とユップは主張した。そして、試験に参加してくれた人々に対し、最低二年間は試験後の健康管理と医療の提供を約束すべきだと。また、試験は公的なＨＩＶ治療プログラムを実施している国で行うべきだとも言った。そうでなければ、人々は試験に参加しているあいだだけ先端治療を受け、試験が終われば何の治療も受けられなくなる一方で、研究を終えた科学者たちは、ハードディスクに蓄積した膨大な研究データを手に、ホテルを引き払い、アメリカやヨーロッパへと去っていくことになる。このように、力が圧倒的に西洋に偏る現状を変えていく必要があった。ユップは、ＩＡＳの会長という立場を生かして、何としてもそれを進める決意だった。

さて話を戻すと、ドゥアラとプノンペンでは臨床試験を始める準備が行われていた。実際の募集は翌年からだが、二〇〇三年九月には、研究者たちは現地の女性を呼び、一対一の面接で、彼女たちの性生活、収入、信仰や個人的な考え方について質問した。そのような情報を集めておくことで、実際の試験がスムーズに運ぶだろうと思ったからだ。

カメルーンでは、二〇〇四年の夏に事前調査を終え、被験者の募集を始めた。同じころ、ドゥアラには二人の活動家が到着した。「アクトアップ＝パリ」というエイズ活動家団体のメンバーであるファブリス・ピロルジェとレジス・サンバ＝クンズィは、フランス政府の資金で実施されているＨＩＶ研究の実態を調査するため、三週間カメルーンに滞在することになっていた。彼らはアクトアップのニュースレター「プロトコル・シュド」の七月号で、カメルーンにおけるＨＩＶの流行を特集する予定だったのだ。

テノホビルの予防的投薬の試験は、もともと彼らの調査対象に入っていなかったが、現地の活動家、カリス・タロムおよびジャン＝マリー・タロムを通じてその情報を耳にした。この二人が所属するのは、エイズに関する倫理・人権活動を行っているネットワーク「ＲＥＤＳ（Réseau Ethique Droit et Santé）」である。ＲＥＤＳの創設者の一人は、一九九〇年代に行われた臨床試験に参加してＨＩＶに感染した女性を知っていた。試験はノノキシノール-9という殺精子剤入りの潤滑ゼリーがＨＩＶ感染の予防になるかの研究だったが、使用しても感染するという結果となった。ノノキシノール-9は膣や肛門の粘膜を刺激して炎症を引き起こし、しかも常用すると小さい潰瘍が発生することもあるため、損傷が起きた粘膜からＨＩＶが侵入しやすくなることがわかったのだ。

それが今度は、カメルーンの女性たちを対象にテノホビルのＰｒＥＰ試験が行われると知り、ＲＥＤＳの活動家たちは気が気でなかった。もし彼女たちが試験中にＨＩＶに感染したら、治療薬を飲ませてもらえるのだろうか。女性用コンドームは支給されるのだろうか。ユップが一九九八年にタイの売春宿四カ所で試験を行ってわかったことだが、セックスワーカーやその客のなかには、男性用よりも女性用のコンドームを好む者もいるのだ。

活動家たちはＦＨＩに対してこれらの疑問を突きつけたが、その回答に満足しなかった。そして、彼らは知るよしもなかったが、実はカンボジアでも同じような論争が起きており、ＨＩＶ研究の将来が危ぶまれる事態となっていたのである。

一九九八年、カンボジアのセックスワーカーたちは攻撃の的となっていた。ＨＩＶの感染者がどんどん増えるなか、カンボジア政府は「コンドーム一〇〇パーセント対策」を打ち出し、セックスワーカーにコンドーム使用を義務づけた。同時に、すべてのセックスワーカーに対しＩＤカードを携帯することを命じた。これにより、売春宿でのＨＩＶの感染は減少したものの、セックスワーカーに対する暴力や不当な扱いが強まることになった。IDカードがあることで、警察官が彼女たちを見つけ出し、脅したり暴力をふるったりすることが、以前より容易になったのだ。セックスワーカーの一〇人に一人は警察官に現金を盗まれ、半数以上は強姦されたと証言している。

それから二年後、そのような虐待に対する恐れと疲弊感から、彼女たちは「ウィメンズ・ネットワーク・フォー・ユニティ(WNU)」という組合を結成した。ところが、まもなく新たな攻撃にさらされることになる。二〇〇三年にアメリカのジョージ・W・ブッシュ大統領がPEPFARを立ち上げ、五年間で一五〇億ドルをHIV治療にあてると約束したが、そこには残酷な条件が一つ付いていた。PEPFARは、性商売に反対すると明確に表明している団体にしか助成金を出さないというのである。

のちに〝反売春誓約書〟と呼ばれるようになるこの条件は、セックスワーカーたちと、その支援者だったNGOとのあいだに、深い亀裂を生むことになる。プノンペンでは少なくとも六つの団体が反売春誓約書に署名してPEPFARから助成金をもらい、WNUの支援活動からは手を引いた。一方、署名せずに残った数少ないNGOのあいだには対立が生じ、セックスワーカーたちも彼らの活動内容に懐疑的になっていた。

このような経緯があったので、二〇〇三年にアメリカとオーストラリアの研究者たちがプノンペンにやって来て、実験の準備と称してセックスワーカーに私生活にかかわる質問を始めたとたん、逆に彼女たちの方から質問攻めにあった。だれの許可を得て、ここでそのような実験をするのか。なぜ事前に直接私たちに聞いてくれなかったのか。あなたたちはアメリカ政府のために働いているのか、と研究者らを問いただしたのである。

そこで、科学者とセックスワーカーたちはプノンペンで集まり、長時間にわたる会議がくり返し行われた。女性たちの多くは、発言することを恐れていた。試験への協力と被験者の募集を頼まれていたNGOスタッフも、科学者の機嫌を損ねて資金を打ち切られるのを恐れ、答えあぐねているようだった。

西洋の科学者らの思惑について、カンボジアの人々のとらえ方は混乱していた。プノンペンの町には、枯葉剤生存者の孫の世代があふれていた。道を歩けば、顔をかきむしらないように手を縛られた少女、頭部に水が溜まり、体とつり合いがとれないほど頭が肥大した幼児や、ダウン症の赤ん坊などを見かけたのだ。

女性たちは、このテノホビルという薬剤がどのくらい安全で、なぜ自分たちの体が実験対象として選ばれたのか、疑問に思った。「あなたたちは、自分たちの国で試験をするときはサルを使っていた。それなのに、ここでは人間を使う」と、ある女性は言い放った。「私たちをサルだと思っているんでしょう?」

彼女たちは、一年間にわたって一日一錠の薬を飲み続けることの副作用を心配していた。テノホビルを常用して腎不全が起きたり骨がもろくなったりした例も報告されていた。しかし、薬の安全性に関する彼女たちの質問には答えようがなかった。なぜなら、ＨＩＶ陰性の人が長期間テノホビルを服用した場合については、まだいっさい研究がなされていなかったからだ。

ギリアド・サイエンシズが副作用に関する情報の一部を隠蔽していたことも、事態に悪影響をおよぼした。二〇〇三年八月、ＦＤＡはネット上で、ギリアドはテノホビル服用に伴うリスクに関する重要な情報を矮小化しており、そのような行為を行わないよう警告した、と発表したのである。

女性たちにとっては、吐き気や頭痛といったいわゆる軽い副作用でさえ、仕事に差しさわり、収入に影響する。そこでＷＮＵは研究者たちに対し、女性たちに三〇年間の医療保険を与えることを要請した。一般的な病気のための保険ではなく、テノホビルが原因で起こりうるあらゆる問題をカバーするためである。ところが、ＮＩＨの答えはノーだった。研究以外の目的のためにいっさいお金は出せないというのだ。

女性たちのもう一つの懸念は、試験に参加するセックスワーカーの一部はプラシーボを与えられるのに、全員が、薬を飲んでいるからＨＩＶに感染しないと勘違いしてしまう恐れである。ＷＮＵの会議では、この試験に参加すれば、客をとるときコンドームを使わなくてよくなるから、もっと稼げるようになると言う女性もいた。それどころか、『カンボジア・デイリー』紙の記者に対し、「別の国のセックスワーカーが、この薬を飲めばエイズにならないと証明しているの。それに、コンドームを使えば肝臓や腎臓の病気も防げるみたいよ」などと述べている女性さえいたのだ。

ＨＩＶ研究のほとんどは、すでに感染している人を臨床試験の対象とする。しかし、このような予防研究は、健康な人を対象に試験を行い、はたしてその人たちが病気になるかどうか、観察しながらじっと待つのである。それを聞いて女性たちは不思議に思った。自分たちに薬を飲ませるのは、それを飲めばＨＩＶに感染しないと研究者たちが信じているからだろう。それなら、なぜ全員に薬をくれないのか。なぜ半分は糖の錠剤を飲まされるのか。

この試験を成功させる条件として、コンドームの使用とカウンセリングは不可欠だとされたが、女性たちは、研究者側が自分たちの安全のことなど考えているわけがないと思った。「まずは自分の国の女たちに試してから私らのところに持っておいで」と突っぱねた。

臨床試験の代表者から得られる回答に満足できなかった彼女たちは、思わぬ行動に出た。記者会見を開いたのである。それは、カンボジアのセックスワーカーが今までに一度もやったことがないことだった。

二〇〇四年三月二九日、衝撃を隠せない研究者たちとメディアを前に、ＷＮＵ代表のカオ・ターは、次のように語った。「女性たちは薬を試したくないと言っています。なぜなら、自分たちは貧しいセックスワーカーだから……もし病気になったら、母親や子どもたち、兄弟姉妹の面倒はだれが見てくれるのでしょう？　この薬をＨＩＶ陰性の女性が飲んでも、短期的・長期的に安全だと研究者たちが確信しているなら、なぜ私たちや家族の保険を負担してくれないのですか？　私たちが病気になったり働けなくなったりすることは、家族にとって生きるか死ぬかの問題なのです」

プノンペンでもドゥアラでも、活動家や地域の関係者は同じ疑問を持っていた。なぜ貧しい有色人種の女性たちが薬の実験台にされるのか。実験に協力していない白人の金持ちが試験結果の恩恵を受けるのはおかしいではないか。いずれテノホビルがＨＩＶ予防薬として承認されたとしても、カメルーンやカンボジアの人々に薬がまわってくるのはいちばん最後だということを、彼らはよくわかっていたのだ。

ユップは国際会議場の大ステージの裏でメモを取っていた。ＩＡＳは二〇〇四年の国際エイズ会議を、開催予定地となっていたトロントではなく、バンコクで行うことを強く求めたのだった。ダーバン以来、開催地を先進国と発展途上国の交互にするようにしており、自分が主催する会議がタイで行われることをユップは嬉しく思っていた。ＩＡＳはこの回で初めて「グローバル・ビレッジ」という企画を主催した。そこでは、講演やアート作品の展示が一般公開されると同時に、若者が参加できるプログラムも実施し、子どもや十代の若者がエイズ対策について自由にアイデアを発信できる場を作った。

アジアという舞台は、エイズ流行の将来を見直す機会を提供してくれた。今や新たなＨＩＶ感染者の四人に一人はアジアの住人で、タイ政府もＨＩＶ対策を強化していた。この地には、感染を予防し、流行を抑制し、新生児を守る対策を行う余地がまだいくらでもある。

それにユップはタイに強い愛着があった。プラパンや彼の娘ニッタヤ、ジンタナットをはじめとするＨＩＶ-ＮＡＴの同僚たちに会うのが楽しみだった。自分たちのこれまでの取り組みや、タイ政府による大胆かつ有効なＨＩＶ予防対策を、この機会に披露したいと思った。タイでは予防的治療の規模をさらに拡大し、母子感染を防ぐために妊婦に薬を飲ませていたのだ。

しかし、タイには暗い一面もあった。

国際会議の前年に、タイ政府は麻薬常習者を一掃すると宣言した。何千人もが逮捕されたり殺されたりしたあげく、バンコクやチェンマイでは、麻薬患者がＨＩＶ治療薬の治験施設の外で待ち伏せされることもあった。警察は麻薬常用者が治験に参加しているとにらみ、診療所の入口付近に隠れて、相手が出てきたところを取り押さえて刑務所に入れてしまうのだ。

ユップはバンコクでの国際会議の場で、タイの予防政策に光を当てつつも、麻薬常習者に対する行きすぎた掃討作戦を見直すようタイ政府に働きかけたいと思っていた。ＩＡＳの国際会議はいつも現地の役人との協力で開催され、バンコクでも同じように準備が進められてきた。しかし、タイ政府との折衝は困難をきわめ、悪夢のようだった。

ユップは、開会式で麻薬常習者に話をさせて、彼らの声を二万人の参加者に届け、その実態を知らせる機会を作ろうとしていた。タイの麻薬常習者の半数はＨＩＶに感染していたのだ。

しかし、タイの役人たちはそれを認めなかった。麻薬をやっている者を晴れ舞台に呼ぶなど、もってのほかだというのだ。ユップはあの手この手で説得し、しまいにはタイ側も折れた。ただし、その出演者、すなわち、もと麻薬常習者でＨＩＶ陽性の男性が話をするのは、開会式の最後でなければならない、という条件が付いた。

ところが、何やらおかしな空気が漂っていた。それを察知したのか、最後のほうに話をするはずだった二人が出演をキャンセルした。パイサン・スワンナウォンの出演を前倒しにするためだ。しかし、パイサンが演壇に上がったときには、もう遅かった。

彼は黒いTシャツを着て、黒髪を後ろで束ねていた。三八歳のパイサンは「タイ治療活動グループ」の所長を務めており、ＨＩＶ陽性者だった。ＨＩＶに感染したきっかけは、タイの刑務所で注射針を共有したことだとパイサンは聴衆に語った。刑務所に入れられた理由は、警察が注射針や麻薬を所持している者を無差別に逮捕したからである。町でも獄中でも、注射器を持っているところを見つかる恐れから、麻薬常習者はこっそり買いだめした注射器数本を使いまわすようになったのだという。「僕は、少なくとも二〇回は逮捕されています」とパイサンは言った。「でも、そのうちのほとんどは麻薬を持っていないときでした。警察は僕に無理やり麻薬を押し付け、自白を強要し、彼らが準備していた書類に署名しなければ殴られました。注射器を持ち歩くことができなかったのは、もし持っているときに捕まれば、もっと罪が重くなってしまうからです」

ネルソン・マンデラ、国連のコフィ・アナン事務総長、ミス・ユニバースのジェニファー・ホーキンスのほか、二万人が耳を傾けるなか、パイサンはスラム街での自分の生活や、政府による麻薬常習者の掃討がいかに乱暴であるかについて語った。

すると、パイサンが話し始めてまもなく、タイのタクシン・シナワトラ首相ほか、政府の役人たちがいっせいに立ち上がり、歩いて大ホールから退出し始めた。ユップはひどくショックを受けた。彼らは、国民の最も弱い立場にある人々に背を向けると同時に、ユップとの約束も無視したのだ。それどころか、観客も、政府高官が出ていくなら開会式も終わりだと思ったのか、手荷物をまとめて立ち上がり始めたのである。

ユップはアメリカ政府の役人にも裏切られた。前回バルセロナの会議で、保健福祉省長官のトミー・トンプソンが活動家にやじり倒された一件を受け、アメリカ政府はバンコクでの国際エイズ会議にはいっさいお金を出すつもりはないとユップに告げていた。ユップのひたむきな説得を受け、アメリカ側もいったんは折れたはずだった。しかし後になって、その決定をまた覆したのである。

せめてアメリカを代表する政府職員を出席させてほしい、とユップは頼んだ。活動家が騒いで演説を遮ることはないと保証しない限り無理だ、とアメリカ側は答えた。ユップはその要求をのみ、活動団体と交渉した。そして彼らは、プラカードを掲げることはあっても、声をあげてスピーチを遮るのはやめると同意したのだった。

それなのに、ＰＥＰＦＡＲの代表が演壇に立ったとき、何十人もの活動家がいっせいに「人殺し！」と叫んで演説者の声をかき消したのだ。ユップは両手でこめかみを押さえ、叫び出したいのを必死にこらえるしかなかった。

ジャクリンは彼をなだめようとした。彼女も耳を押さえていた。会議までの数カ月間、朝から晩まで国際電話の応対に追われ、耳鳴りがしていたのだ。しかし、何をやっても、耳鳴りとユップの怒りを静めることはできなかった。

最悪の開会式だった。ユップが会長として準備した大事なステージの上で、観衆を前に、政府職員や活動家たちのマナー違反が、とんだ見世物になってしまったのだ。それでも、その後の展開を思えば、苦痛の程度はまだ軽いほうだった。

カンボジアやカメルーンで、テノホビルの予防的服用の試験をめぐり、不意打ちを受けたり無視されたりしていると感じたＷＮＵは、アクトアップ＝パリやＲＥＤＳに助けを求めた。これらの団体はお互いの苦しい闘いについて知るようになり、バンコクの国際会議で合流することにした。一同はそこで一つの計画を練った。「ｚａｐ《ザップ》」をやろうという話になったのだ。「ｚａｐ」というのはアクトアップ＝パリのトレードマークともいえる抗議デモである。エイズ活動家たちはしばしば展示ホールの製薬会社のブースや政府機関の建物の入口の階段などに結集して、フラッシュモブのやり方で抗議行動を行っていたのだ。バンコクでのデモのためには、白い紙と黒いペン、そしてバケツに入った大量の赤いペンキを用意した。

彼らは会議の四日目にデモを実行した。数十人の活動家が展示ホールにどっとなだれ込み、「ギリアドは人殺しだ！　女性たちをＨＩＶに感染させている！」と声をそろえて叫ぶと、ギリアドのロゴやスタンドに赤いペンキをぶちまけた。また「テノホビルには吐き気がする」とか「ギリアドが私をＨＩＶ＋にする」などと印刷された白いカードを壁にベタベタ貼ってまわった。偽の血のりが床に滴った。ギリアドの職員は無言で立ちつくした。会議の参加者はかばんを握りしめ見守った。彼らは会議で抗議デモが行われることには慣れていた。エイズ会議には、視覚に訴え、声を大にして行う抗議活動がつきものだったのだ。しかし、このときのデモはまったく次元の違うものだった。彼らがよくやる〝ダイ・イン〟[訳注1]よりも血生臭く、そのメッセージはいつものかけ声よりも大きく響いた。

ジョンズ・ホプキンス大学でテノホビルを研究する感染症が専門の医師、ジョエル・ガラントが、会議でレクチャーをするため立ち上がると、数分のうちに四〇人近いカンボジア人の活動家らにとり囲まれた。「ギリアドはただでセックスワーカーを使っているぞ！」と彼らはいっせいに唱え、博士に話をさせなかったのだ。

訳注1　死人を模して横たわる抗議。

ギリアドの科学者たちが、自社の薬に関する最新のデータを発表している部屋にも活動家たちが乱入してヤジを飛ばし、「弱者を利用して倫理に反する実験を行っている」などと抗議した。活動家たちによるギリアドへの集中攻撃に、ユップは激怒した。彼はそれまで数多くの製薬会社の戸をたたき、感染予防薬としての可能性を調べる研究に薬を提供してくれと頼んでまわったが、ことごとく断られてきた。唯一話を聞いてくれたのが、ギリアドだったのだ。

「少なくともギリアドは臨床試験のために薬を提供してくれているじゃないか！」とユップは言った。「なぜギリアドが攻撃されるんだ？　そもそもあの試験はギリアドの研究ではなく、ゲイツ財団の資金によるものだったが、だれもゲイツ財団にはヤジを出さなかった。まったく合理性がない」。さらに、「おかしいことが多すぎる。彼らは、理由さえあれば敵と見たてて袋だたきにする」とも言った。

エイズ活動家の多くは、ユップを尊敬していた。大胆不敵に現状を改善しようとする彼の姿勢と、たとえそれが政府の高い地位からであっても、いかなる圧力にも屈しない彼の信念の強さに一目置いていたのである。また、そのような運動が起きるずっと前から、ユップはＨＩＶを人権問題としてとらえ、全世界に治療薬を普及させるべきだと声をあげていたことも、彼らは評価していた。しかし、製薬会社がＨＩＶを患って暮らしている人々の利益のために行動していると言われても、活動団体の多くは、それを信じようとしなかったのだ。

彼らが抗議デモの矛先を向けたのはギリアドだけではなかった。ロシュも、二〇〇〇年のダーバンでの会議で話題になった融合阻害剤の価格をめぐり、攻撃の対象とされた。注射で投薬されるその薬は一日に五三ドルかかり、先進国であれ発展途上国であれ患者には手が届かない値段だ、とアクトアップ＝パリの活動家たちは主張した。彼らは、国際会議場のロシュのブースに、スプレーペンキで「Greed Kills（利欲は命を奪う）」と書き、「s」に縦線を入れてドルマークにした。ロシュはＡＡＩ（抗エイズ薬供給推進イニシアティブ）を通じて価格を引き下げると約束していたのに、十分努力していない、というのが彼らの言い分だった。

また、活動家らはユップとＩＡＳに対しても怒りをぶつけ、一人当たりのＧＤＰが三〇〇〇ドルに届かない国で国際会議への参加費用が一〇〇〇ドルというのは高すぎる、と主張した。

メイン・ステージで小競り合いが続き、展示ホールでギリアドのロゴが血を流しているあいだ、ユップは国際会議場の隅に座り込み、ノートパソコンを開いてキーボードを打ちまくった。頭に血が上り、怒りはますます膨れあがる。最近飲み始めた薬が上着のポケットの中でカサカサ揺れる。ユップは高血圧と診断されていたが、テノホビルの臨床試験を阻止するぞと活動家らに脅され、血圧はさらに上がりそうだ。

ユップの頭にはさまざまな数値がよぎる。二〇〇四年も半ばを過ぎ、一分に一〇人がＨＩＶに感染していて、年の終わるころには、一年間でＨＩＶに感染した人の数は流行が始まって以来最も多くなる見込みだ。新しい予防法がどうしても必要だった。どうすれば、争わず協力し合えるのだろう。

今にＨＩＶ研究の進展も妨げられるかもしれない、とユップは懸念した。ＰｒＥＰの臨床試験に対する抗議は、ほんの序の口だった。ヨーロッパでは活動家たちが新しいクラスのＨＩＶ治療薬を試験的に人に投与することを阻止しようと動き始めていた。活動家と研究開発側が和解せず、争いが続けば、エイズの治癒を目指す研究もできなくなってしまう。

ユップは、ＵＮＡＩＤＳ（国連合同エイズ計画）が中立な立場で両者のあいだに立ってくれないだろうかと考えたが、その日は会議の四日目で、彼はあちこちから呼ばれて大忙しだった。それでも、争いの両当事者を和解させるには、急いで動く必要があった。

一方でＷＮＵとアクトアップ＝パリには、新たな企てが持ちあがった。この度のｚａｐが注目を集めたので、その勢いに乗ってＰｒＥＰ試験を完全中止に追い込む決意を固めていたのだ。ただ、中止ではなく修正したうえで試験を継続した方がよいと考える一部の活動団体は、彼らの動きに難色を示していた。

国際会議の最終日、閉会式が行われる大ホールに入っていくと、どの座席にも一枚の紙が置かれていた。それは、アクトアップ＝パリとＷＮＵが共同で記者発表した内容をまとめたもので、ギリアドとテノホビルの試験に対する彼らの不満が書き連ねてあった。出席者たちがその紙に目を通していると、ステージにはパイサンの姿が現れた。今度は式典の序盤での出演が組まれていたのである。彼は長髪を束ねず垂らしたまま、はっきりとした口調で話した。「貧しくてＨＩＶ陽性なのは、つらいことです。この国際会議の会場の中でさえ、まだエイズ患者への差別は存在するということを、僕たちは知りました。開会式の演説者のうちエイズ患者として呼ばれていたのは僕一人だったのに、国の指導者や観客のほとんどが僕の声を聞かなくてすむように、プログラムが組まれていたではないですか」

ユップの姉リートとその夫、そして娘のマリアとマルタが観客席から閉会式を見守っていた。みなユップのことを思うと、心が痛んだ。彼があれほど力をつくして、睡眠時間まで削って準備したにもかかわらず、ほとんど何も解消しないまま会議は終わってしまったのだ。ホテルへの帰り道、みんなで必死にユップをなだめた。そして翌日は家族そろってカンボジア北西部のアンコールを訪れ、いにしえの寺院群の遺跡を散策したのだった。

アムステルダムに戻ったユップは、ある医学雑誌にエッセイを投稿し、エイズ活動家たちがＨＩＶ感染者という立場を逆手にとって、通常であれば決して許されないような行動に出ていることを厳しく批判した。彼らの活動を「無知にもとづくデマ」と呼び、「そのような行動を起こしているのはほんの一部の者にすぎないのに、我々はその人質にされてしまった」と書き加えた。

国際会議の一カ月後、プノンペンに設立される子ども病院の地鎮祭に出席していたカンボジアのフン・セン首相に、『カンボジア・デイリー』紙の記者が、テノホビルのPrEP試験について質問した。それに対し、首相はこう答えた。「HIVのワクチンを試験するためにカンボジアの人間を使わないでください。どうか、動物で実験してください……カンボジアはゴミ溜めではない」

その一〇日後、試験の準備は中止となった。さらに五カ月後には、カメルーンの試験も中止された。活動家の一部は、これを勝利と呼んで祝杯をあげた。研究者たちはこの事態を、最も弱い立場の人々の命を奪う大惨事と呼んだ。

二〇〇五年五月、IASの声かけで、すべての当事者が話し合うためシアトルのホテルに集まったが、そのころには当事者どうしの対立はいっそう激しくなり、ホテルの会議室の外には武装した警備員が二人配置されていた（二人ともジムという名前だった）。会議室内の六つのテーブルには、活動家、科学者、資金提供者や政治家たちが、国ごとに席に着いた。アクトアップ＝パリには、専用のテーブルが設けられていた。

ユップ自身はそのシアトルの会議に出席しなかったが、主な当事者と連絡を取ってシアトルで一堂に会する段取りをつけたのは、彼が率いるILFの代表者たちだった。UNAIDSも独自の会合を予定していたが、まだ数カ月先の話だ。それを待つことなく、FHIはナイジェリアの試験拠点を閉鎖し、マラウイでのテノホビル臨床試験計画は、政府によって阻止された。唯一行われていたPrEP試験は、FHIによるガーナでの研究だったのだ。

中止に追い込まれた試験を救うことはできなかったが、発展途上国でも先進国でも何とかしてテノホビルの試験を行う道を切り開く必要があった。しかも、テノホビル問題の行く末には、HIV研究の将来がかかっていた。活動家たちが臨床試験の中止をもって勝利を叫んでいるようでは、エイズの完全な治療法を見つけるための試験などできるはずがないからだ。

しかし対立は根深かった。反感を強めたアクトアップ＝パリのメンバーらは、フランスの報道番組のプロデューサーに話を持ち込み、カメルーンにおけるＰｒＥＰ試験の実態を描いたドキュメンタリーが制作された。その内容には不正確な点があちらこちらに見られ、さまざまな陰謀論をかきたてた。また放送されたのはその年の一月だったが、インターネットには映像の一部がくり返し掲載され、そのたびにドゥアラで新しい試験が始まるのではないかという新たな憶測に火をつけた。ＨＩＶ研究者たちに対する不信感がさらに広がった。

ユップはシアトルでの会合がうまくいくかどうか不安だった。活動家といくら合意したところで、何の意味もないかもしれないと思っていたからだ。活動団体も労働組合みたいに一枚岩として動き、その代表者が全体の意思を代弁するなら、やりやすいだろう。だがそうではなく、関心事も異なり何ら共通点のない個々の団体が、それぞれ別の条件を求めて活動しているのだ。シアトルの会合に出席したアクトアップ＝パリのメンバーは当初、製薬会社が被験者に四〇年間の医療的ケアを提供すべきだと主張していた。ただ、会合が終わるころには、ユップが組んだＩＬＦの行動計画、すなわち試験後二年間のケアを約束するという内容を受け入れるにいたった。

この合意に達するまでに何年もが費やされ、その間も多くの命が危険にさらされていた。「ＰｒＥＰ試験の継続を阻んだ的外れな倫理観の横暴により、最も苦しむ者は、パリに住んでいない」とユップは書いている。「彼らが暮らす場所は、やはり、ナイロビ、ヨハネスブルグ、プノンペン、そしてカルカッタなのだ」

ＨＩＶに関する話題を伝えるあるサイトに、「アクトアップ＝パリのせいで何百人もがＨＩＶ陽性に?」と題する記事が載った。特定の団体を悪者にして非難するのはたやすい。しかし実際は、研究者、製薬会社、そして資金提供者も、侮辱の応酬にひと役買い、混乱を招いたという意味ではアクトアップ＝パリと同罪と言わざるをえない。

活動家たちがあれほど粘り強く、くじけることなく闘って来なければ、「我々はここまで来られなかっただろう。たとえば、アメリカのゲイ・コミュニティであれほど大きな活動のうねりが起きなければ、今の薬は生まれていなかった。あの動きには大いに助けられた」と、ユップは振り返った。「思えば一九八四年に……ついにウイルスを培養できるようになり……三年後には市場に薬が出まわっていた」。それもこれもすべて、活動家たちの抗議行動のおかげだ、と彼は述べている。

対立の傷跡がすべて消えるには何年もかかるかもしれない。何百万ドルもが無駄になり、バンコクの会議が抗議デモに荒らされ、テノホビルを予防薬として試す試験のほとんどが中止に追い込まれたのだ。しかし、苦難を乗り越えた末、ＰｒＥＰはＨＩＶ研究のなかでも最も大きな期待が寄せられる分野に成長したのである。タイ、ボツワナなどで行われた臨床試験では、テノホビルとエムトリシタビンという別の薬を組み合わせたツルバダという錠剤が有効であることが証明された。二〇一二年に、たった一八時間という記録的短時間の検討を終え、ＦＤＡはツルバダをＰｒＥＰ、すなわち曝露前予防内服薬として承認した。ついに、ＨＩＶを予防する錠剤が誕生したのである。

第九章　お金と信念

ユップの髪は以前より短く白くなり、額のしわは深くなった。血圧を下げる薬は、決められた通りきちんと飲んでいる。日々どんなに目まぐるしいスケジュールをこなし、どれだけ頻繁に飛行機に乗っていても、ポケットには必ず薬が入っていて、時間通りに服用する。毎回、ぴったり同じ時間に。

夕方になると、ユップは新居からぶらぶら歩いてアルバート・ハイン・スーパーマーケットに向かう。彼は二〇〇七年に、高級店が並ぶベートホーフェン通りの四階建ての家のうち、二フロア分を購入し、ヘレーンと別れた今は、そこで子どもたちと同居していた。スーパーでオットラの夕食のスパゲッティとチーズを買う。ベジタリアンの娘のためにユップが準備できるものといえば、せいぜいチーズたっぷりのパスタぐらいだ。それでも、鍋に水を入れて火にかけ、カウンターの上に置いたブラックベリーの携帯電話に向かって大声で話しながら、その日最終となる五回目の電話会議に参加する今の状況に、彼は満足していた。世界を代表するＨＩＶ研究者たちは、カチカチと金物が当たる音を背景にユップの声を聞き取った。ぐらぐら沸騰する鍋の底にスプーンを当て、くっついたパスタをはがしながらしゃべっていたからだ。

食事の後片付けをしてボトルに半分残っていた昨夜のワインをグラスに注いだら、背中を丸めて、ダイニングテーブルに広げた原稿にとりかかる。ユップは万年筆の金のペン先を走らせ、余白にコメントや感嘆符を書き込んでいった。原稿を書いたのは、彼が指導する博士課程の学生たちだ。一応三六人受け持ってはいたが、彼らに顔を見せることはめったになかった。不在も学生たちを惹きつける魅力の一つになっていたかもしれない。というのも、ユップは大胆不敵な研究者として、これから世界を変えていく新しい世代の意欲をかきたてる存在でありながら、大学が開いている時間にはほとんど現れない教授で通っていたのだ。学生たちは、彼の姿を見つけようものなら、いつどんな場所でも、その貴重な時間を逃さなかった。ＡＭＣの一階のコーヒーショップで並んでいるときや、講義後の演壇の周りで、あるいは病院から駅まで早足で歩きながらも、ユップと話したがった。たった二分間話すだけでも、博士課程の実験にまったく新しい焦点を見出したり、将来のキャリアの方向を考え直したり、新たな目標意識や意欲を吹きこんでもらうきっかけとなったからだ。

テーブルの上に散らかった原稿のそばには、まだ赤ワインがグラスに二センチほど残っていた。最近は飲む量が減り、スパゲッティに振りかける塩も控えめにしている。たばこもやめた――ただ、たまにお気に入りのレストランでゆっくり気ままな食事をした後の葉巻だけは、許されることにしていた。

もともと子どもたちには、自分は五二歳を超えることはないだろうと伝えていた。父が五二のとき心臓麻痺で亡くなったからだ。でも、自分はどうにか五三歳まで生き延びたので、ほっとしていた。まだまだやり残していることがたくさんありすぎる。

ユップは家ではほとんど仕事の話をしなかった。むしろ、子どもたちの学校でのできごとや、友だちと一緒にどんな音楽を聴いていて、どんな本を読んでいるのかを知りたがった。今は、子どもらは別の階にあるそれぞれの部屋で静かにしているので、一人キッチンに残り、ペンを動かした。ワインの残りをちびちび飲みながら作業が終わったのは午前一時。原稿をひとまとめにして脇におしのけ、小説を開けば、言葉がそっと彼を眠りにいざなう。

午前六時三〇分、ユップは起きてすぐに自転車でホテルオークラに向かった。黒タイルが同心四角形に貼られたプールでのひと泳ぎで一日が始まる。ジャクリンは先に来て待っていた。ガラスのように澄み切ったプールの水面で彼女の頭がぷかぷか浮き沈みしている。二人はしばらく並んで泳ぎ、それから自転車を連ねてお気に入りのカフェに移動し、コーヒーを飲んだ。エスプレッソをすすり、ジャクリンの口元がほころぶのに見とれているうちに、ユップの髪の水滴は蒸発する。彼女は、自宅のとなりの劇場に出演している舞踏団の話をした。ジャクリンは、最近アムステル運河を見下ろすマンションに引越したばかりだった。新しい部屋の大きな窓は、典型的なアムステルダムの風景を切り取って見せた。ハウスボートが運河の閘門《こうもん》を静かに通り抜ける。サイクリングする人々が自転車で運河沿いを疾走する。恋人たちが指をからませながら橋を渡っていく。

ジャクリンとヨープとの関係は終わり、ユップとの恋愛関係が公になっていた。コーヒーを飲み終えた二人は、ジャクリンが広報部長を務めるファームアクセスの事務所までの道すがら、アムステルダム市立美術館に行った日の感想を述べあった。その日、二人はカジミール・マレーヴィチの大きな抽象画に見入ったのだった。ロシア帝国時代のキエフ近郊に生まれたこのアヴァンギャルドの画家は、ユップが大好きな画家の一人だ。

ユップは、マレーヴィチの作品に見られる純粋な幾何学的フォルムと、当時の芸術の伝統を破って「シュプレマティズム（絶対主義）」という新しいスタイルに挑んだ画家の姿勢に、驚きと感激を覚えた。同時代の画家が聖者や肖像画を描いているとき、マレーヴィチは農民を描いた。生命をその最も基本的な形にまで解体し、人体を円すい形や長方形で表現した。彼は芸術を「のしかかる世界の重み」から解放するため、「正方形というフォルムに避難する」と述べた。複雑なものを単純な形に変換する彼の描き方は解放感に満ちていた。スターリンが彼の芸術スタイルを禁止したのは、おそらくそれが理由だったのだろう。

ユップは基本に立ち返りたいと強く感じた。HIVだけでなく、医療全体にかかわる根深い問題について考えていた。思えばその昔、感染症はもう終わった分野で、将来性もないしつまらないからやめておけ、と教授たちに言われたのだった。それがどうしたものか、この二〇年間、たった一つのウイルスのために、彼は仕事だけではなく人生のすべてを費やしている。HIVに怒り、HIVに対する策略を練り、HIVが夢にも出てきていたのだ。

HIVは彼の教師となって、世界じゅうの医療制度の問題点を明らかにし、最も貧しい人々を守るための保障制度が、いかに穴だらけであるかを示してくれた。また、HIVに導かれて、棺桶が並ぶ道を通りムラゴ病院に赴いた。タイやセネガルの病院にも足を運び、ダカールのファン病院の感染症対策を率いるパパ・サリフ・ソウ博士と出会うこともできたのだ。パパ・サリフは病院の外に畑を作っていた。ニンジンやキュウリを収穫し、飢えた患者たちに栄養をつけさせるため、AZTとともに野菜の煮込みを処方していた。

ユップは、新たな伝染病のことを思った。それはいつか人々の細胞に侵入し、彼らが住む町に忍び込んで、最も弱い者たちを襲うだろう。パパ・サリフの患者や、内戦の傷跡からようやく国を立て直そうとしている人々を食い物にするのだろう。病と貧困の悪循環から抜け出せず、西洋諸国への負債をかかえる政府に見放された庶民が、真っ先に狙われるに違いない。

ほかの同業者たちは、発展途上国の欠陥だらけの医療制度を何とか繕う策を練っていたが、ユップは、ボロボロになった制度などいっそ取り壊したほうがいいと思った。同業者は、人々が下痢で亡くなる地域にせっせとＨＩＶの診療所を建てていた。エイズは特別視され、ＨＩＶ治療に限定して資金が提供されることも多く、その帰結として、基本的な医療機関すらないような場所にもＨＩＶ専門病院ができ始めていたのだ。世界では結核による死亡者数もエイズによる死亡者数とほぼ同じくらいであるのに、世界エイズ・結核・マラリア対策基金は、資金の半分をＨＩＶに投じ、結核に使われた分は一五パーセントだった。

しかしユップは、あちこちを少しずつ繕うだけではあきたらなくなっていた。彼は、病気の治療や予防方法について、常識を覆す手段を思い描いていたのだ。これからの彼の闘いは、アフリカで医療制度改革を実現することだった。

たとえば、ケニアの西部、キスムのトウモロコシ畑で、ある農夫が倒れたとする。マラリア原虫による感染が彼の脾臓や脳を侵している。こういうとき、その農夫はおそらく個人病院に入院する。政府の医療施設は数も少なく、設備もお粗末だからだ。医者は農夫の血液を検査し、腹部に手を当て、生理食塩水の点滴を行う。そして、治療が終われば彼に請求書を渡すだろう。不意の病による思いがけない出費により、彼は貯金をはたき、子どもたちはお腹をすかす。最悪、収穫も家も失ってしまうかもしれない。そこまでではないとしても、彼は家族とともに貧しい暮らしをしながら、再発するマラリアの症状に苦しまなくてはならない。

サハラ砂漠以南のアフリカでは、医療費の少なくとも半分は私費でまかなわれており、その割合は増える一方だった。キスムの農夫のようなケースは、ほんの一例にすぎない。世界では、病気になっても医療保険がないために莫大な経済的損失を被る人が、毎年一億五〇〇〇万人いるのだ。

そのような場合、破産に追い込まれるのは農夫だけではなく、医者も同じだ。治療費を全額払ってもらえる見込みは薄く、半分回収できればまだいいほうなのだ。「患者を診るとき、治療費を払えるかどうか聞くことはないし、たとえ払えないとしても、病気の人を追い返すわけにはいきません。私たちは、信念だけで彼らを治療しているのです」。あるケニア人の医者は、ファームアクセスのスタッフにこう語った。

ケニアの私立病院では、退院時に患者が支払う治療費は、通常四〇パーセント程度である。それも、会計窓口でポケットの有り金を全部手渡して、これ以上お金はないと申し訳なさそうに言うのだ。

一方、医者のほうも、チェックを現金化しに銀行に行けば、同じようなことをする羽目になる。「いつもここの口座を使っているから、私のことをご存じでしょう？　新しい医療機器を購入して、清掃職員の給料を払うためにお金を使ってしまったので、私の病院に融資してもらえませんか？」と頼んだとしても、銀行の答えはきっと「ノー」だ。私立診療所には女性医師による個人病院も多いが、特に女性の個人事業となると、銀行が融資をするにはリスクが大きすぎると判断されてしまう。

おそらくその医者だって、はじめは自分なりの夢を持ち、貯金をはたいて、個人で診療所を立ち上げたに違いない。それでも何年かたつと、途絶えることなくやって来る病んだ村人たちに踏まれて、待合室の隅のタイルはめくれ始める。村の半分の女性のお腹に当ててきた超音波検査機はフリーズする。間に合わせの研究室で使う顕微鏡のスライドグラスは傷だらけになり、やがて割れてしまう。予測可能な安定した収入がなければ、彼女は機材を買い替えることもままならず、診療所は荒れていき、患者の足も遠のくだろう。

ユップは何としてもこの悪循環を断ち切り、好循環に変えなければと考えていた。その決意は、「アフリカにおける医療普及拡大のための新しいパラダイム（A New Paradigm for Increased Access to Healthcare in Africa）」と題するエッセイで語られている。その中で、ユップはアフリカにおける医療問題の解決策を提案し、『フィナンシャル・タイムズ』紙や国際金融公社（ＩＦＣ）に表彰されている。執筆はファームアクセスの同僚たちと共同で行った。そのうちの一人が、組織を率いてもらうために雇ったオンノ・スヘレケンスだ。

経済学者であるオンノは、ユップにこう言った。「もし医者がまともな経済学の本を一冊でも読めば、その人は世界を変えられるだろう」。ユップなら、そういう医者になれるかもしれないとオンノは思った。彼は新しい考え方もすばやく取り込むし、現状を覆すことにためらいがない。それにジャクリンの助けを借りて、賛同者を集め、資金援助を募ることにもたけている。

オンノはユップに、ノーベル賞を受賞した経済学者、ダグラス・ノースの書物を紹介した。オンノに言わせれば、ノースのすばらしさは十分評価されていないらしい。ノースはオランダとイギリスについての本を書いており、両国がいかにして、一六〇〇年代に築き始めた仕組みを、それぞれ内容は違うが、健全な医療制度に発展させたかが記されている。ユップはその本を一日で読んでしまった。

二人は一緒にタンザニアやルワンダなどのファームアクセスの拠点を訪ねてまわった。二〇〇五年には、財団の活動はハイネケンの職場プログラムにとどまらず、ユニリーバやコカ・コーラなどの多国籍企業とも手を結んでいたのだ。

しかしそれらのプロジェクトだけでは——すでに何十カ国にもおよぶ何万人もの人々にＨＩＶの治療薬を届ける援助をしていたのだが——ユップは満足できなかった。すべての問題の根源の部分を何とかしたくてうずうずしていたのだ。ファームアクセスが支援している人々は、ＨＩＶと闘っているだけではなく、貧困とも闘っている。弱った免疫系のせいでできた水疱に苦しんでいるばかりではない。マラリアによる頭痛や重労働による骨折などの怪我、体内で繁殖するさまざまな病原菌に侵されやすい子どもたちをかかえており、日常のあらゆる怪我や病苦に悩まされているのだ。

「ＨＩＶの薬は出すのに、骨折した脚の治療はしないというのは、ばかげた話だ」。ある視察旅行の後オンノは言った。アムステルダムにあるファームアクセスの事務所で、視察の報告会を行っている最中のことだ。「医療でも特に経営面で、アフリカの医者たちがどれほど大変な思いをしているか、あなた方はわかっていない」とオンノは言う。「世界の裕福な国々では、医者は金を払ってもらえるのが当たり前だと思っていて、その金がどこから来ているか考えもしない」。出席者のほとんどを占める医師や看護師が、気まずく黙りこくっているなか、唯一の経済学者であるオンノは話を続けた。医療を普及させ、すべての人が同じように医者にかかれるようにすべきだという彼らの言い分に対し、オンノはこう切り返した。「確かにそうだが、あなた方は裕福な国で働いていて、お金がどこから来るのか考えていない。考える必要がないからだ。でも発展途上国の医者は、どこにお金があるか理解していなければならない。それは生き残るため、必要に迫られているからだが、彼らのほうがよほど実業家としての感覚がある」

彼らは一つの解決策に達した。民間の医療保険を作ることだ。ナイジェリアやガーナでは、すでに国の健康保険制度ができていたが、ナイジェリアの制度の加入者は国民の三パーセントにも満たず、ガーナでも少なくとも国民の三分の一は加入していなかった。一方、健康保険の先駆者ともいえるルワンダでは、国民皆保険を実施し、加入率は人口の九割に達している。

ユップとオンノは、同僚のマックス・コッポールセの協力も得て、アフリカの貧しい労働者が医療保険に加入できるようにするため、官民連携（ＰＰＰ）により保険料を助成する仕組みを立ち上げたいと思った。海外の資金提供者をアフリカの医療保険会社や健康保険維持機構（ＨＭＯ）と結びつけることができれば、リスクが大きすぎることを理由にアフリカの団体が資金調達できないという問題が、回避できるかもしれない。また、貧しい労働者たちも、医療費を先払いしておけば、急な私費の持ち出しの心配がなくなり、キスムでトウモロコシを育てる農夫が破産するような事態を防げるかもしれないのだ。同時に、国が国民皆保険を実現するための一助にもなりうる。それに、医療保険は医者たちにも安定した予測可能な収入を保障するので、医者が医療制度に再投資することも期待できる。

しかし、だれもがこの考えに賛成というわけではなかった。「これでは、すべての人が同じ水準のケアを受けられず、二層構造を作り出してしまう」と、あるイギリスの支援団体のスタッフが指摘した。ユップたちの計画では、まずは労働者でなければ保険制度に組み込まれないということを問題視したのだ。「すべての人が利用できない制度なら、ないほうがましだ」とその人は言った。

これに対し、オンノは首を振った。「もちろん、イギリスには国民保健サービス（NHS）があり、それがいちばんの解決策だということはわかります。でも、だれ一人医療保険に加入していない状態から出発するのに、いきなりそこに到達するのは難しい。一歩ずつ始めるしかないのです。政治的な正義論を掲げて、全員に保障できないならだれにも与えないというのはおかしいと思う」。ユップも同感だった。ベースラインがあまりにも低いのに、最初から完璧なものを目指せというのは、ばかげている。とりあえず何か始めてみて、うまくいけば全員が使える方法を考えればいいではないか、と彼は言った。

オランダ政府は彼らの考えに賛同し、協力を申し出た。「時代は変わってきている。やってみましょう」と外務省の職員は言った。二〇〇六年に、オランダ政府はファームアクセスに対して、ケニア・タンザニア・ガーナ・ナイジェリアで医療保険基金を立ち上げるために、一億ユーロを提供した。その翌年、医療保険基金はナイジェリア最大の医療提供組織であるハイジーア[訳注1]と組んで、「シックネス・ファンド（病気基金）」を設立した。これにより、市場で作物を売る農業従事者一〇万人が医療保険に加入した。

ただ、貧しい労働者に医療費を前払いするよう説得するには、質のよい医療サービスが受けられることが前提となる。問題は、多くの場合それが提供できないということだった。医者たちは、診療所を維持し、スタッフに給料を支払うための融資を得るのに苦労していた。キャッシュフローを把握したり、きちんと帳簿をつけたりするノウハウを持っていなかったからだ。

ユップとオンノは考えた。医者たちに融資し、ビジネスや経営についての講習を受けさせれば、彼らは診療所の質を国際基準にまで引き上げつつ、資金の投資・支出・管理なども、よりうまくできるようになるだろう。融資は医療従事者にとっての短期的な支援になるだけではない。融資とともにビジネスのノウハウを授けることで、医療従事者は、銀行にとってより魅力的な融資先となるはずである。返済履歴と保険診療の実績を何年も積み重ねていけば、ゆくゆくは銀行の信用を得られるのだ。そこで、ユップたちは、「メディカル・クレジット・ファンド（医療信用基金）」を設計するため、弁護士のモニーク・ドルフィン゠ヴォヘレンザングを雇用した。

モニークは二〇〇九年七月にファームアクセスの融資戦略をスタートさせた。借受け人第一号は、ガーナの首都アクラ近郊の海辺の町テシーで、フィンガー・オブ・ゴッド・マタニティホームという妊婦のための診療所を経営するキャサリン・ブーニーだ。ガーナの国民健康保険に加入している医療施設の半数近くは、このような私立の診療所だった。キャサリンがマタニティホームを開いたのは、彼女の町で妊娠や出産により命を落とす女性があまりにも多いことがきっかけだった。その数は「情けないほどだ」と彼女は言う。妊婦が頼っていける場所は、昔から受け継がれている産婆や祈祷師だけだったのだ。

訳注1　医療サービスおよび保険の提供者。

壁をピンク色に塗ったキャサリンの診療所では、超音波検査と血液検査のほか、カウンセリングも行っていたが、経営は傾いていた。壁からはペンキが剥がれ落ち、検査スタッフは、古い顕微鏡が使いにくいとぶつぶつ不平を言う。新しい顕微鏡を購入してほしいと言われたが、キャサリンが口座を持っている銀行も、融資してくれない。清掃員二名と医療スタッフ二名の給料を支払うだけで手いっぱいで、新しい顕微鏡を買う余裕はなかった。

医療信用基金からの融資を受けた後、キャサリンは診療所をきれいに修繕した。すると新しい仕事がどんどん増え、その利益で新たに病院を設立することができた。

ファームアクセス財団の活動は好調だった。賢い診療所経営者に融資をするだけでなく、患者たちの健康を守り、医師たちがそれぞれの分野の最先端の知識を得るための手助けもしたかった。そこで二〇一一年には、「セーフ・ケア」というプログラムを立ち上げた。キャサリンのような医療機関経営者へのトレーニングを実施し、医療施設の質の改善を促し、国際水準を満たすためのプログラムである。

ファームアクセスはさらにプライベート・エクイティ・ファンドを始めた。通常はリスクが高いとされるアフリカでの民間の医療提供組織への投資を行うためだ。ユップとオンノは、銀行や多国籍企業に対し、「アフリカ医療投資基金（Investment Fund for Health in Africa、以下、ＩＦＨＡ）」を通じてアフリカの医療提供組織に投資するよう説得を行った。すると、彼らの考えは、同じような支援活動を行ってきた先駆者たちの批判にさらされた。イギリスの支援団体オックスファムは、市場先導型の解決策は成功しないと考え、出資者は、先進国が主導するプログラムに投資すべきだと主張したのだ。それでもファームアクセスの担当者たちは、どんどん話を進めた。ＩＦＨＡが始動して最初の投資先は、ナイジェリアの医療提供組織、ハイジーアだった。以前ナイジェリアの市場で働く女性や農家の人々に医療保険を提供するファームアクセスの活動に協力したグループだ。

ユップとオンノの活動は国際的にも認知されつつあった。二〇一〇年のソウルでのG20サミットでは、医療信用基金が金融チャレンジ賞を受賞し、オンノはステージでオバマ大統領と握手した。

このように、途上国の医療制度の改善に力を注ぎ表彰もされたとはいえ、ユップにとってはＨＩＶもまだ重要な関心事だった。治癒を目指す研究は、新しい薬や治療法の開発レースに押されて失速していた。しかし、医療保険基金や医療信用基金、投資ファンドやセーフ・ケアの活動に力を入れると同時に、ユップはバンコクやアムステルダムのスタッフに声をかけ、ＨＩＶ／エイズの治癒を目指して研究を進めるよう促していた。

また、アフリカのＨＩＶ研究の最先端を行くエリー・カタビラやパパ・サリフ・ソウなどの医師たちと協力していくことについても、相変わらず熱心だった。パパ・サリフはアメリカでエイズ会議に出席したときの経験をユップに語った。ヨーロッパ、オーストラリア、北アメリカからの白人男性研究者たちで埋めつくされた会議で、アフリカ大陸出身の科学者は彼以外にはほとんどいなかったのだ。「何か矛盾している」と彼は言った。「我々アフリカ人は大勢の患者をかかえていながら、会議には出席できない。病で苦しんでいる人を最も多くかかえているこの地球の南側に、科学を引っぱってくる必要があるな」

パパ・サリフが出席した会議とは、レトロウイルスと日和見感染に関する会議（Conference on Retroviruses and Opportunistic Infections、以下、ＣＲＯＩ）で、毎年冬にボストンやシカゴなどの寒さの厳しい都市で開催され、世界トップの専門家から成るエリート研究者たちが集まる。どんな優秀な医師や研究者が提出した論文の予稿でも却下することがあるという徹底した厳しさで知られている。

ある年のCROIに出席した際、パパ・サリフはユップとジャクリンとともにホテルのレストランで食事をしながら、どうしたらCROIのエリート主義に対抗し、アフリカが誇る数多くの知られざる科学者たちの才能を引き出すことができるか、知恵をしぼっていた。よいアイデアを思いつくたび、パパ・サリフは指で宙を指し、ジャクリンがペンでさらさらとメモ帳にその案を書きとめた。

そして彼らは、ユップの博士課程時代の同僚チャールズ・ブーシェと組んで、INTERESTというワークショップを始めることにした。毎年アフリカの最も優秀な科学者や医者が集まり、互いのコラボレーションを促進したりベストプラクティス（最良の実施法）を紹介し合ったりする場を提供するためである。ユップはこの集いに「アフリカのCROI」というあだ名をつけた。最初のワークショップはエリーの主導のもと、二〇〇六年にカンパラで開催され、二四名の科学者が出席した。その二年後は、パパ・サリフが主催者となり、五〇名近くの科学者がダカールに集まった。

これらの活動は、ファームアクセスおよびアムステルダム・インスティチュート・フォー・グローバル・ヘルス・アンド・デベロップメント（AIGHD）に何百万ドルもの資金をもたらした。AIGHDの前身は、かつてユップの博士課程の指導医だったヤープ・ハウトスミットが、貧困関連感染症センターという名で二〇〇三年に設立した研究機関だ。その六年後、センターがAIGHDと名を改めて、オランダのヨハン・フリーゾ・ファン・オラニエ＝ナッサウ王子とメイベル妃により正式に開所された折、その科学責任者の人選で最も適任とされたのは、やはりユップだった。

そこで彼は、一〇年近く企業金融に携わってきた経済学者ミヒール・ハイデンライクを、AIGHDの経営責任者に迎えた。ユップとミヒールは戦略をめぐって意見が合わないことが多く、個人としてはよく衝突した。それでも、医学研究という制約のなかで、巧みな運営を行うミヒールの手腕は大したものだとユップは思った。これまでなら論外とされた事柄にも、ミヒールは新しい機会を見出したのだ。公の場では、科学者よりも投資金融業者を相手にしてきた人物から指図されたくない、と教授たちが文句を言えば、ユップはミヒールの経歴を尊重し、科学者らの象牙の塔を突き崩そうとする彼の方針を支持した。

教授陣は直属のスタッフを持つことを望んだが、ミヒールは組織を改造し、上下関係がより少ない構造にしようとしていた。彼はよそ者であることを気にしていたが、ここまで大胆な問題解決に挑むからには、さまざまな経歴を持つ人材が必要だとユップは主張した。ミヒールは経営者としての経験はなかったので、ＡＩＧＨＤははじめ大混乱に陥ったが、やがて組織は軌道に乗り、ファームアクセス財団の活動を補助するようになった。

それから数年後、彼らはアフリカの医療問題の解決策の一つとして、だれもがポケットに入れて持ち歩いているものに着目した。そう、携帯電話だ。ファームアクセスは、アフリカ東部の通信最大手のサファリコム、そして携帯電話が財布代わりとなる「モバイルウォレット」を開発したケニアの通信会社ケアペイと手を結んだ。三者は共同でM-ＴＩＢＡを立ち上げる。「tiba」はスワヒリ語で「ケア」を意味し、携帯電話を用いてお金を節約したり借りたり、医療のために使ったりすることをケニアの人々に呼びかけた。これを受け、医療保険会社も携帯電話による保険金の給付を始めるようになり、診療所を利用する患者数の増加も見られた。ついに人々は、お金を理由に医者に診てもらえないということがなくなってきたのである。

ファームアクセス財団の理事長、そしてＡＩＧＨＤの科学責任者として、ユップは夜遅くまで仕事に追われ、物事が思うように進まないと、いらいらして台所から怒りのメッセージを送りまくった。ユップにとって、周りの対応はいつも遅すぎた。夜の七時以降にユップから来るＥメールは、厳しい叱責メールであることをＡＩＧＨＤのスタッフは学習した。その手のメールでだれもが一度はユップにクビにされる、と、みな冗談半分で言った。翌朝不安げに出勤してきたスタッフに「本人は本気でクビにするつもりではなく、ただ苛ついているだけだから」と言いきかせ、ミヒールが火消しをするのもならわしとなっていった。

ユップとミヒールの仕事上のつきあいは深まり、やがて二人には友情がめばえた。お互いに家族について語り、宗教の話もした。ユップは、マザー・テレサは尊敬に値しないと思うし、むしろ嫌悪感を覚えると打ち明けた。彼はミヒールに『神は妄想である』というリチャード・ドーキンスの著作を渡した。ドーキンスは、「一人の人間が妄想にとりつかれているとき、それは精神異常と呼ばれる。大勢の人が一つの妄想にとりつかれるとき、それを宗教と呼ぶ」と述べたロバート・パーシグという哲学者の考えに賛同するイギリスの生物学者である。

そういうわけで、二〇一一年に意外にもバチカンからユップに声がかかったという話に、彼を知る世界じゅうの人たちは興味をそそられた。

カトリック教会は、コンドームの使用を禁止していたし、同性愛は罪であると宣言していた。時には、エイズは神の与えた罰であるとさえ言われていたのだ。また、コロンビアでは、コンドームをつけてもHIVを防げないと言う枢機卿がいるかと思えば、ニューヨークでは、ジョン・オコナー枢機卿が「道徳こそ良薬だ」と説き、安全なセックスよりも禁欲を勧めた。

一九八九年一二月一〇日、オコナー枢機卿がミサを行っていたニューヨークのセントパトリック大聖堂の外には、アクトアップ＝ニューヨークおよびウィメンズ・ヘルス・アクション・アンド・モビリゼーションのメンバーおよそ五〇〇〇人が集まった。そして、そのうちの数十人が「我々は黙ってはいない！」と声をあげながら、大聖堂に乱入し、自分たちの体を鎖で信徒席に縛りつけるなどして、ミサを妨害した。これに対し、オコナー枢機卿は会衆に向かって祈りの声を張りあげ、エイズ活動家らの声を封じた。警察に逮捕された若者は、「オコナーの偏見に立ち向かうぞ！」と叫んだ。
そうはいっても、地球上で最大の医療提供者といえば、カトリック教会であるということも事実だった。世界のエイズ患者の四分の一は、カトリック教会と関連がある診療所の世話になっているのだ。

さて、ニューヨークでの抗議デモから二〇年がたち、新しいローマ法王が就任し、教会の戦略も変わった。高位の聖職者たちは、コンドーム論争を避けつつエイズ問題に対処する新しい戦略を思いついたのだ。バチカンは、ノースカロライナ大学チャペルヒル校のある研究者による画期的な調査から情報を得た。マイロン・コーエン博士がカップル二〇〇〇組を動員し、二〇〇五年より調査を行ったのである。カップルのうち一人がＨＩＶ陽性、一人は陰性であることを条件とし、参加したのは主に異性愛者だった。コーエンは、一部のＨＩＶ陽性者の治療はまだＴ細胞の数が多い段階で始め、残りのＨＩＶ陽性者は、免疫系が弱り始めＴ細胞の数が下がってから治療を始めた。調査の目的は、ＨＩＶ陽性者の治療を始めることで、ＨＩＶ陰性のパートナーへの感染を予防できるかを調べることだった。

コーエンは二〇一五年まで調査を続けるつもりでいたが、二〇一一年の段階ですでに十分説得力のあるデータが得られたため、結果を発表した。そこで証明されたのは、ユップが何年も前からくり返し伝えてきたこと、すなわち、治療は予防の一種だということだった。コーエンは、ＨＩＶ陽性者が抗ＨＩＶ薬により早期に治療を始めることで、コンドームを使わなかったとしても、セックスによりウイルスがパートナーに感染するリスクを減らすことができる、と発表したのだ。

バチカンも、この路線で行けば、コンドームの話題を避け、「偏見だ」と罵られたりせずにエイズの予防を支援することができる。というわけで、世界じゅうの教区で修道女や宣教師たちが「予防のための治療」に飛びついた。ＨＩＶの流行が深刻なタンザニアのシニャンガ州でも、カトリックのある教区がギリアド・サイエンシズと組んで、この戦略を実行に移すことになった。

ギリアドとしては、三〇万人にＨＩＶ検査を受けさせ、目安としてはおよそ二万人に薬を飲ませたいと考えていた。一人の医師が数百人の患者を診るという西洋型医療の実施を目指せば、それも不可能ではないだろうと思ったのだ。ただ、シニャンガ州はへんぴな地方で、たどり着くのが難しかった。そこで、バチカンが支援に乗り出し、基本的な施設のほか、地域のコミュニティとの信頼関係を提供したのだ。Missionary Sisters of Our Lady of Apostles（使徒の聖母修道女会）および Doctors with Africa CUAMM という団体が地域に根付いており、ギリアドのスタッフは、海外の医者を一時的に駐在させるよりは、むしろこれらの団体の医者たちと協力することを望んだ。

医療支援の体制は、ハブ・アンド・スポーク方式を採用することにした。「ハブ」、すなわち地域の中心拠点となる診療所には、ＨＩＶの専門家が常駐し、検査室と入院施設を備える。一方「スポーク」、すなわち地域拠点は、巡回診療を行うスタッフのいる診察室で構成し、辺境のコミュニティにも足を運べるようにした。ＨＩＶ検査で陽性となった者は、まずはハブ診療所で治療を受けることを勧められる。そして一年が経過すれば、地元の診察室の世話になり、看護師か特別な訓練を受けたボランティアスタッフに検査をしてもらって、新しい薬を受け取ることができる。

ギリアドのＣＥＯ、ジョン・マーティンは、バチカンとの共同プロジェクトを行うにあたり、ユップにその代表を頼みたいと考えた。なぜなら、ユップは内心バチカンには懐疑的だろうから、バチカンと話を進めていくなら、彼以上の適任者はいないと思ったのだ。ユップは、あの「オランダ四人組」の白熱した議論に鍛えられてきた自分でさえ、これほどやっかいな共同作業はいまだかつてやったことがないと、ギリアドのある役員に打ち明けた。「これは難しい仕事になりますよ」と、ユップは、ギリアドの企業・医療業務担当の執行副社長、グレッグ・アルトンに告げた。「ルワンダやボツワナなど、すでに大きなプロジェクトが行われたことがある地域から対象を選ぶのとはわけが違う。本当の意味で手つかずの無医地区に入っていくことになるのだから」

グレッグとユップは、まずシニャンガ州を訪れてみた。対象となる教区にいちばん近いホテルに泊まったが、ムワンザというその町から彼らが毎日通わなければならない地区まで、車で片道二時間かかる。村々は砂埃がたち、乾いた大地にはまばらにやぶが生えていた。朝の六時でもジョギングをするには暑すぎるので、ユップはホテルの庭に出て、日よけの白い覆いの下で、グレッグと朝食をとった。そして、カトリック教会は恐ろしくお役所的で、物事がなかなか進まないかもしれない、とグレッグに忠告した。

それについては、グレッグはすでに十分わかっていた。バチカンでの一連の会議に出席し、部屋を埋めつくす神父たちが、男とセックスする男について、あらん限りの言葉で卑しめながら論議するという異様な場に立ち会ってきたからだ。神父たちは、予防のための治療という考え方は支持するが、コンドームについてのバチカンの立場が変わったわけではない、とギリアドの社員にくぎを刺した。ある会議では、パプアニューギニアの医療使節団で活動していた看護師が、神父たちの仰々しい論争を聞き終わると、立ち上がり、あきれたように目を白黒させて、神父らにこう言った。「ところで、一応お知らせしておきますけど、私たちはみな、会衆にコンドームを配っていますから」

ユップはその話を聞いてにんまり笑った。「ここで実現できれば」と、彼は乾いたやぶを指さしながら言った。「どこでも可能だということが実証されるわけだ」。こうしてユップは、ジョン・マーティンの要請を受け入れたのだった。

二〇一四年三月、ユップはアムステルダムのスキポール空港から二度目のタンザニア訪問に向かった。一緒に飛行機に乗るのは、ファームアクセスの同僚、トビアスだ。相変わらずせっかちなユップは、並んでいる列から出たり入ったりして、少しでも先に行くために、平気で人を押しのけたり足を踏んだりする。とにかく、真っ先に飛行機に乗って、真っ先に降りないと気がすまないのだ。

飛行機はナイロビ行きで、そこから小型の飛行機に乗り換えた。西に向かって飛び、きらきら輝くヴィクトリア湖の上空で旋回して、湖畔の町ムワンザに着陸した。ユップとトビアスが荷物を車に乗せていると、一羽のカワセミが湖に向かって空を切るのが見えた。「ほら、その後ろをサンショクウミワシが追いかけている」、とユップはトビアスに教えた。体長よりもはるかに長い茶色い翼を広げて飛ぶワシの勇ましい姿に二人は見とれた。

二人を乗せた車は、シニャンガ州のカトリック地方教区であるブギシまで、穴だらけのでこぼこ道を三時間かけてガタガタと走り続けた。活動拠点に到着するころには、ユップはくたくたになり、喉も乾いていた。道端で冷えたコカ・コーラを飲み、一息ついていると、か細い老人に寄り添って歩く少年の姿が目に入った。その子はおそらく八歳か九歳くらいで、皮膚にはうろこ状の白い斑が広がり、やせ細って鎖骨が突き出ていた。ユップは飲みかけのコカ・コーラを口から下ろし、トビアスにささやいた。「あの子を助けないと。今すぐ」

ユップには、高価な診断法——タンザニアの田舎では、そもそも手に入らないような代物だ——などなくても、アイザックというその少年が、エイズを発症していることがわかった。その子の目をのぞきこむだけで十分だった。ユップはアイザックを抱きかかえると、老人とともに近くの診療所に連れて行った。

波状のトタン屋根の下には、ベッドが二〇台並んでおり、空いている簡易ベッドの上に積み上げられた蚊帳が、まるで入道雲のようだった。看護師は数名いたが、医者はいない。看護師のなかにはマラリアにかかっている者もいるようで、熱っぽい首の後ろを流れる汗を布で拭いながら、患者の看病にあたっていた。

ユップはアイザックを簡易ベッドに寝かしつけ、彼と彼の祖父に優しく話しかけた。アイザックは八歳ではなく、なんと一四歳だった。両親は亡くなっていた。薬を買うお金はなく、診てもらえる医者もいない。アイザックがTシャツを脱ぐと、浮き出たあばら骨の隙間が深く落ちくぼんでいた。ユップは少年を寝かせたまま、看護師を呼び、トビアスに様子を伝えに行くと、トビアスは、外で人だかりができている、と言った。

ユップが到着したという噂が、すでにブギシじゅうに広がっていたのだ。お医者さんが来てるぞ、と大騒ぎだった。二時間後、診療所には数百人が詰めかけた。ある男性は、病気の女性をバイクの後ろに乗せてやって来て、彼女にＨＩＶ検査をしてくれと頼んだ。医者に診てもらうため、バイクで四時間もかけてやってきたのだった。もう検査のキットは残っていない、とユップは伝えた。

診療所に集まる人がどんどん増えていくのを見ながら、トビアスは言った。「この地区のＨＩＶ検査と治療計画案を書くためにここに来たんじゃなかったのか」。「わかってるさ」と、ユップは答えた。「でも俺は医者だ。この人たちを放っておけないだろう?」そこで、トビアスは近くの小さな事務所にパソコンを持ち込み、夜を徹してギリアドのプロジェクトのための計画書を作成した。ユップは患者の診察を続けた。

三日後、タンザニア滞在の最後の日に、ユップはアイザックを抱きしめて別れを言った。「きみの治療費は一生私が払うからね」と少年に約束し、ユップは帰途についた。アムステルダムに帰ったら、何としてもエイズの完全な治癒を目指さなければと思った。

第一〇章　治癒にむけて

彼はＨＩＶを地上から一掃したかった。

アムステルダムのタイ料理レストランで食事をしながら、「それは可能だ」とトビアスに告げた。まずは、アムステルダムでＨＩＶを撲滅する。その次は、シニャンガ州だ。ヨーロッパでもアフリカでも、それが可能であることを示して見せる。つまり、ウイルスの隠れ家を一つ残らず暴いて、患者を一人残らず完治させるということだ。

ＨＩＶの治癒にいたる道は二つある。その一つは、体内のウイルスの数を低いレベルにまで下げてしまい、高額で毒性の強い薬に頼らずにＨＩＶを制御できる状態にすること。そうすれば、一日が投薬で細切れになることもない。二つ目は、ウイルスを完全に根絶し、体内の血管にも臓器にもその痕跡がまったく残らないようにすることだ。第一の戦略を機能的治癒（または実質的完治）と呼び、第二は完全治癒（感染の完全解消）という。

ユップはＨＩＶの治癒を目指し三〇年以上かけて歩んだ道に、多くの手がかりや発見を残した。彼は一九九〇年代に、ＨＩＶが体の奥深くもぐり込み、睾丸、リンパ節、免疫系細胞、脳などを隠れ家にすることを発見した。たとえ感染者が五種類もの強力な抗ＨＩＶ薬を飲んだとしても、ウイルスはそれらの「聖域」の中にいれば生き残れるのだ。

若き科学者だったころ、ユップはＨＩＶを宿したＴ細胞が長期間休眠したのち、突然目覚めて、新たにウイルス生産工場として生き返る過程を明らかにした。彼はＴ細胞を目覚めさせ、かかえ込んでいる危険物を放出させようと、いじくり、つつき、挑発した。大胆な作戦により、Ｔ細胞から、ひいては体内から、ＨＩＶを追放できるのではないかと思ったのだ。

彼の最初の闘いは、ＨＩＶの治療法を開発し、すべての感染者に薬を届けることだったが、それは新たな闘いへと発展していた――もうじき六〇歳となる今、大きな賭けであっても、さらに高い目標を掲げていたのだ。時間が足りない、と思った。

ユップはこの病気の流行に終止符を打とうとしていた。アムステルダムを手はじめに、世界のあらゆる場所からＨＩＶを消し去るつもりだった。そんな突拍子もない考えを真に受けない者もいた。「無茶を言うな。不可能なことをやろうとするより、新しい治療法を考えたほうがいいじゃないか？」と彼らはあざけった。だがユップにとってそんな批判はどこ吹く風で、もはや何を言われても動じなかった。ありえない治癒の研究などばかばかしいと言われても、ただにっこり笑って見せるだけだ。それはユップにとって中傷ではない。一見ばかげて見えるところに、大発見が眠っているからだ。

タンザニアから戻ったユップは、早々にこの新たな挑戦に身を投じ、「Ｈ-ＴＥＡＭ」を立ち上げた。HIV Transmission Elimination Amsterdam の頭文字をとってチーム名とし、アムステルダムをエイズのない街にすることを目標とした。

ユップは、流行初期に一緒に仕事をした昔なじみの友人、ペーター・ライスやチャールズ・ブーシェと相談し、アムステルダムからＨＩＶを一掃する戦略を練った。もしここでうまくいけば、戦略をさらに拡大し、次は世界でＨＩＶを撲滅することを目指すのだ。

作戦会議は時に熱を帯び、ユップは焦りからか言葉を荒らげることもあった。かと思うと、のんびりした様子で現れ、ペーターやチャールズが今まで見たことがないほど穏やかなときもあった。

彼らの戦略の柱は、早期診断だった。HIVが体内に侵入し、細胞にもぐり込み始めてから、数日、早ければ数時間以内に診断をする。早く治療を始めれば、HIVが体内の聖域（すなわち、免疫系が侵入者に反応して発する強烈な化学物質の浸透を防ぐ〝バリア〟を進化させた、睾丸や脳などのデリケートな組織）に、深く食い込むのを未然に防ぐことができると、ユップは信じていたのだ。

それらの潜伏場所にHIVが居座るのを防ぐには、ウイルスがそこに定着する前に対決しなければならない。そのためには、HIVに感染してまだ数日以内の患者を探す必要がある。たとえば、一九八一年に医学部を出たばかりの新米の医師だったペーターが、救急外来で出会った青白い青年、ダニエルのような患者だ。

H-TEAMの科学者たちは、さまざまな最新のHIV検査を用いて、感染のかなり早い段階で診断を下し、その日のうちに治療を始めることができる。この戦略を、治療後コントロール(posttreatment control)という。感染から数時間のうちに抗HIV薬の投薬を始めれば、薬を飲むのをやめても自力でウイルスを制御するよう体に教え込むことができることがわかったのだ。また、早期に検査し治療を始めることで、HIVが人から人へ感染を広げていくのも防げる。

ユップは、多剤併用療法HAARTが世に出た二年後の一九九八年に、感染者が治療を受けずにいる期間が長ければ長いほど、HIVの潜伏を許してしまう可能性が高まることを明らかにしていた。それゆえ、強力な薬剤で早期に治療を始めれば、聖域となる臓器がHIVを潜伏させるのを防ぐだろうと思われた。

その一〇年後、フランスでの研究により、この考えが正しいと証明された。「VISCONTIスタディ」では、感染から一〇週間以内に治療を始めた二〇人が、薬の服用を中止したところ、その一〇年後の検査で、体内のＨＩＶは非常に低いレベルで維持されていることが判明した。高価な薬以外の何かが、体内でウイルスを制御していることがわかったのである。一九九〇年代のユップの勘は正しかった。ＨＩＶの制御および感染の治癒の鍵を握るのは、抗ＨＩＶ薬による早期治療なのだ。

ホテルオークラでの毎朝七時のプールからあがり、体から塩素の臭いを漂わせながら、ユップとジャクリンはＨＩＶのない世界を想像していた。社会的不条理や同性愛者への差別意識に巣くい、不寛容を増幅し、貧困に苦しむ場所ではびこるウイルス。そんなものは、何としても追放しなければならなかった。そのためには、研究室、街角、政府機関、診療所をはじめ、幾多の戦場で闘いをくり広げなければならず、アムステルダムのチームだけでは、戦力は不十分だった。

彼らの戦略の一つは、若い科学者の育成で、これにはかなり早い段階から力を入れてきた。一九九〇年代にタイにＨＩＶ‐ＮＡＴという研究機関を設立して以来、ユップとジャクリンは、タイの科学者五人をアムステルダム大学に留学させ、博士号をとらせた。その一人が、のちにＨＩＶ‐ＮＡＴの科学部門の副所長となるタイ人医師、ジンタナット・アナンウォラニッチである。

ユップはジンタナットを指導し、急性ＨＩＶ感染を引き起こしている者を見つけるために、何千人ものタイの男性や女性の血液を調べさせた。調査は恐ろしく時間と根気を消耗させるもので、ほかの科学者たちにはあきらめたほうがよいと言われた。「どうせ完治などできるようにならないよ」と。

「そういう声は無視しなさい」、とユップは言った。

「彼らの言うことを聞いてはいけない。ＨＩＶの治癒の方法は必ず見つかる」

その言葉をしっかり胸にとどめて、彼女は米軍医療研究所および米軍ＨＩＶ研究プログラムへの就職を申し込んだ。ユップの数々の科学的発見に触発され、夜な夜な届く激励メールと、治癒はもうすぐ実現するという彼の確信に背中を押されて、ジンタナットはついにタイを離れる決心をした。HIVの治癒を目指して、夫と二人の子どもと一緒にアメリカに渡ることにしたのだ。

国際エイズ会議の数週間前、ジンタナットはワシントンDC郊外の自宅で、講演に使うスライドの準備をしていた。「HIV治癒の最先端：私たちは今どこにいるのか、そして、どこに向かうのか」という題で話をする予定だった。彼女は、HIV流行の経緯をたどり、先駆者たちの発見の軌跡を振り返った。その人たちの研究が、治癒を目指す今の彼女の研究への道筋をつけてくれたのだ。初期のユップの研究や、世界のほかの研究者たちのスライドも入れ、アムステルダムのH-TEAMと彼らの最近の成果も紹介することにした。

また、一度はHIVに感染していながら完治したティモシー・ブラウンの話も話題に加えた。医学会ではいつも、彼と一緒にインスタグラム用の写真を撮ろうと、携帯電話のカメラを手に待ちかまえる人たちの列ができる。彼は茶色い目を細めてカメラをのぞき込み、にっこり笑う。写真は「Timothy Brown and me #berlinpatient」というタグのもとにアップされる。彼の存在は希望そのもの――科学がHIVを抹殺できるという期待の生きた証だった。

二〇〇六年にベルリンでティモシーが白血病と診断されたとき、医師は彼に骨髄移植をした。ただそれは、少々特殊な骨髄だった。提供者のT細胞自体が、HIVの結合を妨げ、免疫系への侵入を防ぐように変異していたのだ。生死を分ける移植を二度にわたって受けたのちティモシーの白血病は完治し、彼の免疫系はHIVの侵入を許さないT細胞で再形成された。その効果として、彼の体からはHIVが一掃されていったのだ。ただ、ユップもジンタナットも、彼の体内の潜伏場所にHIVがまだ潜んでいるかどうかはわからないと思っていた。

ジンタナットはその講演を二〇一四年七月二一日の朝に行う予定だった。割り当てられたのは国際エイズ会議二日目の本会議の一つで、数千人が出席する。ユップとジャクリンも、最前列で聴くと言っていた。

しかしその前に、ユップはアメリカに行く短い用事があった。WHO時代、世界エイズプログラム在籍中に彼の上司だったマイケル・マーソンが、ノースカロライナ州デューク大学のグローバル・ヘルス・インスティチュートの所長を務めており、そこで一緒に働かないかとユップを誘っていたのである。

再会した二人は、スイス時代のこと、官僚の話のほか、アムステルダムでのユップの新しい取り組みについても話し、今後もこのやり取りを続けようと言って別れた。ユップはデューク大学を後にし、空港へと急いだ。しかし着いてみると、アムステルダム行きの便は悪天候のため欠航していたので、アトランタに飛び、四時間待って、別の便に乗り換えて帰るしかなかった。

ハーツフィールド・ジャクソン・アトランタ国際空港のラウンジで、彼は偶然オランダの経済学者、ジャック・ファン・デア・ハーハと一緒になった。そこで挨拶と何気ない話を交わした数分のあいだに、ユップは、残り時間が少なすぎて焦りを感じる、とジャックに打ち明けていた。オランダでは定年は六五歳だが、ユップはあと四カ月で六〇歳を迎えるところだった。

もうじき定年退職の年齢になるというジャックは、ユップをなだめてこう言った。

「多くの人は定年を過ぎても何かしら働く道を見つけています。あなたもこの先、少なくとも一〇年から一五年は現役でいられますよ」

ユップは口をつぐんだ。タンザニアにはアイザックがいる。シニャンガ州のバチカン・プロジェクトも続いている。アムステルダムにはH-TEAMがあり、子どもたちはそれぞれのキャリアを考えている。それに、ジャクリンとの新居――初めて一緒に暮らす家なのだ――のために、まだ絵や本棚を買う必要がある。小説も書きたい。読みたい短編もたまっている。二人でゆっくり休暇をとる夢もある。ＡＩＧＨＤ、アムステルダム大学のグローバルヘルス部、受け持ちの大学院生、ファームアクセスの新しいプロジェクトの数々。そして、彼の生涯で三五〇〇万人がエイズで亡くなり、毎年二〇〇万人が新たにＨＩＶに感染しているが、もうあと少しで治癒にたどり着けそうなのだ。

ユップはジャックの顔をまじまじと見て言った。

「それでもまだ時間が足りません」

エピローグ

機体の残骸が木に引っかかっている。幹が真っ二つに裂けるような大きな音がしたが、木ではなく、飛行機の翼が折れたのだ。枝がポキンと折れるように。高温になった金属が木肌を焦がす。荒れ果てた野原のそばの家では、子どもが地下室にうずくまっておびえている。屋根を突き破って、遺体が降ってきたのだ。その子が一人っきりで家にいるときに。

ずたずたになった座席の黄色いスポンジの下敷きになり、青緑色の鳥がぴくぴく痙攣している。飲み物を運ぶカートから液体が流れ、草がジンにまみれている。粉々に割れたビジネスクラスの陶器の皿も。土に埋もれたその破片には、「Malaysia Airlines」の黒い文字が残っている。

アルミ箔をかぶったチキンの機内食が落ちている横で、水玉模様のブラウスが燃えている。閉じたままのスーツケースに貼られたラベルには、「見つけた方はご連絡ください。シーニック・ツアーズ +61 2 4949 4333」とある。

柔らかい草が、手を広げて踊っている人の形に押しつぶされているが、その人はもうそこにいない。ただ黄色い人型だけが地面に残されている。その黄色い草の上を、黒いブーツがどかどかと踏み荒らし始める。ゴムの靴底が、地面に散乱するパスポートや、ストラップや、救命胴衣や、歯ブラシの毛を、かまわず踏みつぶす。

戦争屋どもの怒鳴り声にはこんな言葉が。「間違えた」「この人たち」「違う」「旅行」「パイロットは?」「ゴーダチーズか?」「全部溶けていく」「もう一つの飛行機はどこだ?」

もう一つの結末はどこにいった。ビジネスクラスのゆったりした席。点心が盛られた皿。ジン・トニックのグラスの氷がカランと鳴り、手には夢中になっている一冊の本。HIVのない世界をつくる戦略のプレゼンテーション資料はどこにいった。ハイデ近代美術館で飲むはずだったカプチーノは。つい寝過ごしてしまう金曜の朝は。そして、セントキルダの桟橋で交わすはずの長い長いキスは……。

機体の残骸は木に引っかかっている。ジャクリンがはめていたアメジストの金の指輪はつぶれ、希望は空から地に落ちた。

謝辞

ユップとジャクリンの家族や友人の協力がなければ、この本を書くことはできなかったでしょう。リーチェ・デ・クリーヘル、マックス・ランゲ、フィリップ・ファン・トンヘレン、そしてバート・ファン・トンヘレンにお礼申しあげます。また、チャールズ・ブーシェ、ペーター・ライス、ペギー・ファン・レーウェンほか、お時間を使って専門知識や思い出を寄せてくださった大勢の医師・研究者、科学者の皆さんにも、お礼申しあげます。

メイボーン・ノンフィクション文学会議には、本書が完成前の原稿の段階で賞をいただいたことに感謝いたします。また、中部大西洋地域芸術財団（ＭＡＡＦ）から創作活動のためのフェローシップを授与され、ミレイ芸術コロニーよりレジデンシー（宿泊施設）の提供を受けました。本書のはじめの数章は、そこで執筆したものです。心よりお礼申しあげます。本書の企画書は、オレゴン州プレイヤのアーティスト・レジデンシーで作成しましたし、私が作家としての第一歩を踏み出したのも、ワシントン州にあるヘッジブルックという女性作家のためのレジデンシーでした。レーニア山を望む美しいメドウ・ハウスで、私は本を書き始めたのです。作家や芸術家が創作活動を行うためのスペースを提供してくださる皆さんに、深く感謝いたします。

本書のファクトチェックをしてくれたエリザベス・ジーグラー、作家創作科協会（AWP）における作家どうしのすばらしいメンターシップ・プログラム、そして敬愛する詩の師匠ジャン・デュブローに感謝いたします。私がジャーナリズムその他の執筆活動の支えとしているボブ・モング、ロブ・スタイナー、R・B・ブレナーにもお礼申しあげます。

自宅の一室を私が執筆に専念するための〝物書き部屋〟として使わせてくれた皆さんには、どれほどお礼を言っても足りないほどです。しかも、マサラ・チャイやゴーヤ料理の差し入れにも甘えてしまいました。ニーナ、ニネシュ、ラヴィシャーン、アシヤ・アピ、フセイン・アフマド、アイーシャ、そしてムハンマド、「一六週間で七万ワードを書き上げてみせる」と宣言した私の言葉を信じてくれて、ありがとう。それからリフ、ハックニーでまずいコーヒーにつきあってもらったうえ、本当のことを話してくれて、ありがとう。大好きです。

協力してくれたすべての友人、とりわけブランチを作ってくれたトリスタン・ブラウン、創作仲間のデイヴィッド・アレクサンダー、二〇年来インスピレーションをもらいつつ、〝バッタミーズ〟[訳注1]な関係を維持しているスヴァティ・シャーに、そしてクリフォード・サミュエルとリーサの友情と鋭い視点に感謝しています。ヤリーニと姉妹でいることに感謝。そして、女性が制約されることに対して、つねによき理解者であるエマニュエルに感謝します。あなたがリリーの面倒を見て、しっかり家を守ってくれるおかげで、私はこの本の取材のために、ためらうことなく世界各地に飛んでいくことができました。

訳注1　ヒンディー語で「ぶしつけ」

『ダラス・モーニング・ニュース』紙の仲間には、私や家族が危機（竜巻の被害、締切りなど）に陥ったときに本当にお世話になりました。ジェフリー・ワイスに本書の初期の原稿の編集を手伝ってもらったことをよく懐かしく思い出します。もう会うことができず、寂しいです。魅力的な人柄、熱意、妙なユーモア、そして温かい友情を忘れることはありません。安らかにお眠りください。

トム・ファンには、物語を編むための大技・小技を学び、何を書くときにもそれが役に立っています。本当にありがたく思っています。私が自分の語り口を発見できたのも、物語はきれいな終わり方をしなくてもよいと知ったのも、トムのおかげです。

『ダラス・モーニング・ニュース』紙のベテラン記者、マリーナ・トラハン＝マルチネス（女性は偉大であると、彼女自身の存在が示しています）、デイヴ・リーバー、そしてデイヴ・タラントに、本書の初稿段階を批評かつ叱咤激励してもらいました。友情と貴重なアドバイスを、ありがとうございました！

私に芸術の道を志すことを勧め、やれば何でもできると励ましてくれたジェリー・ホーキンズに、厚くお礼いたします。その言葉と知性に感謝しています。

私が医学部の課程を乗り切る支えとなったのは、AZとモブ・ディープの音楽でした。プロディジーよ、どうぞ安らかに。

スタンフォード大学のジョン・S・ナイト・ジャーナリズム・フェローシップ・プログラムには、本書の編集段階で私を選び仲間に加えていただいたことに感謝しております。

すばらしい編集者であるロビン・コールマンとジョンズ・ホプキンス大学出版局には、記録的短時間で本書の出版を実現していただきました。ありがとうございました！

ケンブリッジ大学医学部での指導教官ジェシカ・ホワイト博士には、患者の目や髪の毛や爪から、その人の「物語」を読み取る方法を学びました。今思えば、そのときの指導が、私の執筆活動の原点でした。

母に感謝。一九八七年に勇気ある行動をとってくれたこと、そして、図書館に通い、文学をむさぼり読む姿を私に見せてくれたことに。その両方がなければ、この本も、私たちの自由も、ただの夢物語で終わっていたでしょう。いつか、その話を書かなくては。

著者プロフィール

シーマ・ヤスミン（Seema Yasmin）

イギリス生まれの女性医師、ジャーナリスト。

生化学をクイーン・メアリー大学で、医学をケンブリッジ大学で学び、ロンドンのホーマートン大学病院にてドクターとして働く。2011年からはアメリカ疾病管理予防センター（CDC）に通称「病気の探偵」として勤務。その後トロント大学でジャーナリズムを学び、『ダラス・モーニング・ニュース』の記者となる。代表記事は、米国における銃暴力のエピデミック、ダラスにおけるエボラ危機、など。

疫学をテキサス大学ダラス校で教えたり、スタンフォード大学のJohn S. Knightジャーナリズムフェローシップに選ばれ、その後同大学で教鞭をとるなど、活躍の範囲は広い。本書は処女作となる。

訳者プロフィール

鴨志田　恵（かもしだ・けい）

1968年生まれ。翻訳者。訳書にエリカ・マカリスター『蠅たちの隠された生活』、エロル・フラー『写真に残された絶滅動物たち最後の記録』、アンドレア・ベイティ『天才こども建築家世界を救う』（いずれもエクスナレッジ）がある。

PEAK books

撃《う》ち落《お》とされたエイズの巨星《きょせい》

ＨＩＶ《えいちあいぶい》／AIDS《えいず》撲滅《ぼくめつ》をめざしたユップ・ランゲ博士《はかせ》の闘《たたか》い

2019 年 12 月 1 日　第 1 刷発行

著　　者　シーマ・ヤスミン
翻　　訳　鴨志田《かもしだ》　恵《けい》
発 行 人　一戸裕子
発 行 所　株式会社 羊土社

〒 101-0052　東京都千代田区神田小川町 2-5-1
www.yodosha.co.jp/
TEL 03（5282）1211 ／ FAX 03（5282）1212

印刷所　株式会社 加藤文明社
翻訳協力　株式会社 トランネット　www.trannet.co.jp/
校正・校閲　株式会社 鷗来堂
装幀　トサカデザイン（戸倉 巌、小酒保子）

ISBN978-4-7581-1210-9

PEAK books

Passion

Evidence

Arts

Knowledge

を届けたい

PEAK booksは科学と医療をこよなく愛する編集者が生み出したレーベルです。私たちは日々の本づくりのなかで、自然と生命の神秘さや不思議さに目を見はり、知的好奇心に胸を躍らせています。そして、巨人の肩に立つ科学者が無から有を発見するドラマに感動し、医療関係者が真摯な想いで献身する姿に心を奮わせています。そこには、永く語り継ぎたい喜びや情熱、知恵や根拠や教養が詰まっていました。

激動の現代だからこそ、頂を目指して一歩一歩挑み続ける多くの方に、人生の一助となる道標を届けたい。それがPEAK booksの源泉です。